多旋翼无人机

理论设计与实践
及人工智能应用

郑冬琴　付　勇　陆　星　廖益木　陈明亮　陈志樑／编著

暨南大学出版社
JINAN UNIVERSITY PRESS

中国·广州

图书在版编目（CIP）数据

多旋翼无人机理论设计与实践及人工智能应用/郑冬琴，付勇，陆星，廖益木，陈明亮，陈志樑编著. —广州：暨南大学出版社，2021. 10
ISBN 978 - 7 - 5668 - 3233 - 7

Ⅰ. ①多…　Ⅱ. ①郑…②付…③陆…④廖…⑤陈…⑥陈…　Ⅲ. ①人工智能—应用—无人驾驶飞机—设计　Ⅳ. ①V279

中国版本图书馆 CIP 数据核字（2021）第 178033 号

多旋翼无人机理论设计与实践及人工智能应用
DUOXUANYI WURENJI LILUN SHEJI YU SHIJIAN JI RENGONG ZHINENG YINGYONG
编著者：郑冬琴　付　勇　陆　星　廖益木　陈明亮　陈志樑

- -

出 版 人：张晋升
责任编辑：曾鑫华　高　婷
责任校对：张学颖　冯月盈
责任印制：周一丹　郑玉婷

出版发行：暨南大学出版社（510630）
电　　话：总编室（8620）85221601
　　　　　营销部（8620）85225284　85228291　85228292　85226712
传　　真：（8620）85221583（办公室）　85223774（营销部）
网　　址：http://www.jnupress.com
排　　版：广州市天河星辰文化发展部照排中心
印　　刷：广州市穗彩印务有限公司
开　　本：787mm×1092mm　1/16
印　　张：12.25
字　　数：290 千
版　　次：2021 年 10 月第 1 版
印　　次：2021 年 10 月第 1 次
定　　价：39.80 元

前　言

无人机，顾名思义，是无人驾驶的飞机，其飞行姿态、速度与轨迹可以经由一个单纯的无线遥感器来进行简易的人手操纵，或者是经由一个较为复杂精密的无线智能化飞控系统来进行控制。过去很长一段时间内，无人机都是以军事用途为主。近几十年来，民用无人机产业开始蓬勃发展，其结构设计、传感器件、控制电路、动力系统与飞控算法等，都实现了显著的突破与发展，彻底改变了军用无人机独占技术与市场的局面。民用无人机一代比一代更小更轻，飞行更稳定，造价更低廉，吸引了越来越多的民间无人机爱好者。2012年深圳大疆公司发布了精灵–1航拍一体无人机，更是将单纯的无人机发展成一款能实时记录生活体验的航拍机器，受到消费大众的极度喜爱而一举成名，在短短几年内迅速抢占了国内外航拍无人机70%的市场份额，民用无人机从此进入了商业规模更大的个人消费市场。

然而航拍应用只是开始，由民用无人机结合物联网与人工智能技术的一个崭新智能化无人机时代正在悄悄来临。农业植保、电力巡检、交通监管、建筑安防、专业测绘与快递配送等领域都已出现民用无人机的身影。在积累了诸多成功的应用经验之后，民用智能化无人机势必将继续扩大其应用场景与经济效益规模。

消费市场的持续升温吸引了越来越多的人开始关注无人机技术，众多的无人机爱好者对学习和了解相关技术与知识充满热情，初涉无人机领域的在校学生和从业人员也迫切需要一本兼顾理论与实践的教科书或参考书。为了满足这些需求，广州昂宝电子有限公司（以下简称"昂宝"）的工程技术人员和暨南大学的老师共同合作编写了本书，将作为"人工智能物联网设备理论设计与实践及应用"系列书的第一本书。我们希望能够做到理论与实践并重，让读者不仅能够知其然，而且知其所以然。

本书重点讲述民用多旋翼无人机。相比于传统直升机与固定翼飞机结构，多旋翼飞机结构更具有优异的飞行稳定性与灵活的飞行操控性。除了垂直起飞降落，前后左右迅速改变飞行方向，稳定空中悬停之外，更能轻松地实现360度翻滚。这些特性使得多旋翼飞机能够执行许多直升机与固定翼飞机无法执行的任务。因此多旋翼飞机结构无可争议地成为民用无人机的首选结构。对载重要求较低的消费类用途无人机，如个人用航拍无人机多采用四旋翼飞机结构，而对载重要求较高的商业用途无人机，如农业植保无人机则采用六旋翼或八旋翼飞机结构。

本书的编写团队由昂宝的智能无人机专业3位工程师及暨南大学3位资深教师联合组成，编写过程中融入了很多动手实践教学环节，真正做到产业的实用型技术与学校的教学经验并重，实现了产教融合，可以帮助各个水平的读者更好地理解智能无人机理论和实践过程。全书共分7章，前5章以理论为主，介绍无人机的飞行原理、动力部件、传感器技术以及飞行控制原理与算法，这部分内容力求做到逻辑清晰，深入浅出。第6章为无人机系统硬件和软件，参考昂宝新一代智能无人机的具体实现，与前面的理论知识相互呼应，让读者既能够掌握基本的理论与原理，又能通过实际无人机的操作学习提高实践能力，还可通过二次开发完成毕业设计与参加国内外举办的无人机大赛项目。第7章介绍人工智能的基础与应用，以及如何引进人工智能技术，以适应目前无人机越来越智能化的趋势。在本书定稿出版之前，暨南大学理工学院的"大学生科学创新技术基础"课程就已经采用本书的初稿作为授课教材，相应的实验课则采用昂宝提供的智能无人机配套教学实验箱与实训课程。结合两年多教学实践的反馈，我们对本书内容进行了多次补充和优化，使本书最终更加完善，更贴合教学应用的需求。

本书特点：①理论基础讲解深入浅出并且注重实践教学；②硬件结构模块化，搭配电路设计原理与丰富的实践案例；③含开源软件算法与接口协议介绍以及软件算法二次开发应用；④大量人工智能基础理论与应用实例有助于了解无人机智能化；⑤毕业设计、项目开发、技能大赛的首选参考用书。

本书读者对象：①职校相关应用型专业师生；②高校相关专业师生；③相关科研专题研究生与导师；④相关的国家与国际赛事参加者；⑤智能无人机爱好者。

无人机设备与二次开发支持：①智能无人机教学箱套装（P/N：OBPS3801），广州昂宝，含传感器模块与实验课程，无人机整机硬件电路设计与开源软件和二次开发。②智能无人机学习套件（P/N：OBP8005B），广州昂宝，含无人机与开源软件和二次开发。

编著者
2021 年 6 月 27 日

目　录

第 1 章 绪 论

1.1 无人机发展史

无人机（Unmanned Aerial Vehicle，简称"UAV"）技术有着百年的历史，它最初的诞生是为了满足军事的需求，而大众普遍了解无人机是 21 世纪 10 年代的事情。2015 年无人机在各个领域出现了大规模的拓展，被称为民用消费级无人机"元年"。无人机凭借着独特的优势，在我们的日常生活和工业生产中发挥着越来越重要的作用。

无人机从它的诞生到现在，无论是结构、原理，还是性能、应用，都有了很大的提升和拓展，将来随着各项技术在无人机上的应用和发展，无人机还会有更大的提升空间。在电影《星际穿越》的开头就有这样一个令人印象深刻的情节，如图 1.1 所示，Cooper 带着两个孩子在去学校的路上发现了一架印度的军用无人机，在地面站关闭的情况下，该无人机孤独地飞行了至少 10 年的时间，最终被 Cooper 用一台电脑截获。这虽然只是一个电影桥段，但将来某一天，无人机的续航能力和自主飞行能力能够达到这样高的水平也不是不可能的事情。

无人机是无人驾驶飞行器的简称。无人机的概念最早在第一次世界大战期间提出，为了满足战争的需求，英国军事航空学会对无人机进行了秘密的研制，并于1917 年进行了第一次试验飞行。经过两次失败的试飞，由 A. M. 洛教授参与研制的"喉"式单翼无人机在英国海军"堡垒"号军舰上试飞成功。该无人机载有 113 kg炸弹，以 322 km/h 的速度飞行了 480 km，在当时引起了全球极大的轰动。

图 1.1　《星际穿越》里的无人机

早期的无人机多是由退役的飞机改装而成，采用无线电和控制技术，只能按照预先设定的路线飞行，不能进行人工干预，更不能自主反应，"二战"时期其主要作为靶机训练防空炮手，或者携带炸弹轰击地面目标。到了 20 世纪 60 年代，受益于计算机、无线电和自动控制技术的发展，再加上有先进的传感器作为支撑，无人机可以完成更为复杂的飞行任务。在这一时期，无人机主要以侦查监视为目的，在作战需要和通信保密等技术上发展比较成熟。与有人驾驶飞机相比，无人机不受载人数量和生命风险限制，更适合在危险、恶劣等环境下进行工作。在 1955—1975 年的越南战争中，美军使用"火烽"无人机收集越军情报，共飞行了 3 500 架次，提供的情报占美军总情报量的 80%，大大减少了美军伤亡和被俘的风险。

进入 20 世纪 90 年代，很多国家认识到无人机在军事领域的重要作用，纷纷将先进的技术应用到无人机的研发上。随着信息化技术、卫星通信技术、新型材料以及 GPS 导航技术的发展，无人机开始采用数字飞行控制系统，性能不断提升，各种类型的无人机不断涌现。与此同时，无人机的应用领域也从军事扩展到了民用，日本的 Yamaha 公司受日本农业部委托，生产出世界上第一架农用无人机 R50 及其加大版 R Max 旋翼无人机，用于播种稻谷和喷洒农药。

进入 21 世纪，无人机在军事方面得到更大的发展，典型代表有通用原子公司的捕食者、诺斯洛普格拉曼公司的全球鹰、波音的扫描鹰等，同时也向商用和民用领域扩展，包括在新闻摄影、灾害管理、作物监测、快递装运等各个方面的运用。无人机呈现出小型化、便捷化的发展趋势。在民用领域，大疆公司推出的 Phantom 系列无人机在世界范围内产生了深远影响，其研制的 Phantom 2 Vision + 曾在 2015 年入选美国《时代周刊》（*Time*）年度最佳发明，紧接着在 2016 年和 2017 年，大疆 Mavic 和 Spark 无人机也先后入选。

对于无人机的研制，美国和以色列起步最早、水平最高、技术最成熟，中国的无人机技术起步较晚，但近年发展迅速，尤其在消费级无人机市场上占据领先地位。目前，随着人工智能技术的不断发展，无人机也出现智能化的发展趋势，自动避障、自动跟随、视觉定位、图像识别等技术都得到了高度的关注，这些技术将会帮助无人机完善控制系统、导航与路径规划，完成更多功能性的操作，使无人机成为一个真正的空中机器人。

1.2 无人机的种类及特点

无人机的分类方法很多，从应用领域来分可以分为军用无人机和民用无人机，而民用无人机包含了行业级无人机和消费级无人机两大类。其中，行业级（也称为工业级或商用级）无人机主要用于替代或协同人工完成各行业领域中人力作业比较困难或无法实现的任务，对专业技能要求高。而消费级无人机主要用于个人航拍和娱乐，注重功能体验和操作便利性。按无人机规模可分为微型、小型、中型和大型无人机。按飞行方式或飞行原理主要分为固定翼无人机和旋翼无人机两大类，而旋翼无人机又可分为无人直升机和多旋翼无人机，除此之外，还有无人飞艇、无人伞翼机和仿生无人机。

1.2.1 固定翼无人机

固定翼无人机的外形和飞行原理与客机相似，图 1.1 中的无人机即属于这种类型。发动机带动螺旋桨旋转给无人机提供推力，而升力的产生主要依靠机翼。图 1.2 为升力产生的原理图。无人机在飞行时，由于机翼的剖面形状导致机翼上方的空气流速与机翼下方的空气流速不同，上方的流速快，下方的流速慢。根据伯努利定律，流体的速度加快时，与之接触的界面压强会降低，因此机翼的上界面压强小于下界面，升力随之产生。

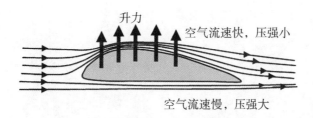

升力

空气流速快，压强小

空气流速慢，压强大

图 1.2 固定翼无人机升力的产生机理

固定翼无人机是自稳定飞行系统，具有飞行速度快、飞行距离远、运载能力大等优点，在军用机中很常见，但较少应用到民用场合。因为固定翼无人机要依靠机翼与空气的相对运动产生升力，所以必须达到一定的速度才能安全飞行，难以实现悬停或低速飞行等功能，起飞和落地时均需要足够的场地，不能实现垂直升降，难以满足一般民用的使用条件。

1.2.2 无人直升机

无人直升机属于旋翼无人机，它有一到两个主旋翼，能够实现垂直升降，其结构主要包括机身、起落架、主旋翼、尾桨等部分，如图 1.3 所示。无人直升机的姿态控制主要来自主旋翼和尾桨，其主旋翼的机械结构非常复杂，通过调节旋翼桨面的方向来调整升力的方向，从而产生各种飞行姿态。与固定翼无人机相比，无人直升机具有起降场地不受限制、可空中悬停等优点；与多旋翼无人机相比，具有载重能力大、续航时间长等优点，在军用和民

图 1.3 无人直升机

用领域均有广泛应用，但其结构复杂，飞行控制难度较高。

1.2.3 多旋翼无人机

多旋翼无人机是指具有三个及三个以上旋翼轴的无人机，是近十年间得到飞速发展的一种无人机。根据旋翼的个数可以分为四旋翼、六旋翼、八旋翼等。多个旋翼在一个平面内，这个平面我们称之为旋翼平面，如图 1.4 所示。

（a）四旋翼无人机　　　　　　　（b）八旋翼无人机

图 1.4　多旋翼无人机

多旋翼无人机结构简单，旋翼直接固定在电机的转轴上，当电机工作时，电机带动旋翼进行旋转，从而产生升力。旋翼的桨面固定，因此每个旋翼只能产生方向与旋翼平面垂直的升力，但通过调节不同旋翼之间的相对转速，多个旋翼协调配合，可产生各种飞行姿态。多旋翼无人机具有无人直升机的许多优点，如能够垂直升降和空中悬停，同时和无人直升机相比，它还具有机械结构简单、可靠性高、维护成本低、操作方便等优点。虽然目前多旋翼无人机仍然受到载重和续航等因素的制约，但随着动力技术的不断发展以及其进一步智能化、专业化和规范化，多旋翼无人机将更多地走进我们的生活，为我们的生活带来更多的便捷。

固定翼无人机、无人直升机和多旋翼直升机的比较见表 1.1。

表 1.1　不同类型无人机对比

类型	特点
固定翼无人机	优点：续航时间长、载荷大 不足：起飞需助跑、降落需滑行、不能空中悬停 应用领域：军用、专业级民用
无人直升机	优点：垂直升降、空中悬停 不足：机翼结构复杂、维护费用高昂 应用领域：军用、专业级民用
多旋翼直升机	优点：可垂直升降、空中悬停、结构简单 不足：续航时间短、载荷小、飞控要求高 应用领域：消费级、专业级民用

1.3 无人机系统简介

无人机系统一般由三个子系统组成，包括飞行系统、任务载荷系统和地面系统，每个子系统又包含若干模块。图 1.5 为无人机系统的整体框图，其中飞行系统和任务载荷系统装载在无人机上，而地面系统可以建在地面上，也可以建在车、船或其他平台上。

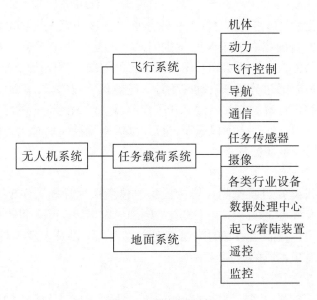

图 1.5 无人机系统

飞行系统是整个无人机系统的核心部分，是在无人机起飞、飞行、执行任务、回收等一系列过程中负责姿态控制、应急控制、任务执行等。飞行系统由机体、动力、飞行控制、导航、通信等模块组成。任务载荷系统是无人机的任务系统，取决于具体的作业任务，如用于航拍的摄像系统、用于农业的喷洒系统等。地面系统包括数据处理中心、起飞/着陆装置、遥控和监控等模块，用于地面人员对无人机的飞行进行控制和管理，监视无人机的飞行状况，并对无人机进行遥控操作。对于一般的民用无人机来说，地面系统通常是一台笔记本电脑或一部手机，但对于较大型的无人机，需要有专门的起飞/着陆装置、维护设备等。

本书主要围绕多旋翼无人机的飞行系统进行讲述，下面对飞行系统的主要模块做一个简要介绍：

1. 机体

无人机的机体模块是无人机的承载平台，一般选用高强度轻质材料制造，如玻璃纤维、刚性塑料、铝合金等。无人机所有的机载设备都安装在机体的支架上，机体的设计应该使各个器件布局合理、拆装方便。

2. 动力

动力模块是指为无人机提供飞行动力的部件，一般分油动和电动。目前行业级无人机以油动为主，消费级则以电动为主。多旋翼无人机以电动为主，但为了解决其续航时间短的问题，近两年也出现了油动或油电混合动力的多旋翼无人机。除此之外，太阳能、氢能等新能源电机也有望为多旋翼无人机提供更持久的续航能力，但现有的技术水平还无法进行普及。电动多旋翼无人机的动力由电机、电调、电池等组成。无人机主要在露天作业，对电机、电调的稳定性要求较高，需定期进行检测。

3. 飞行控制

飞行控制模块俗称"飞控"，它的主要任务首先是保证无人机稳定的飞行姿态，再者是按照地面控制站发送的指令要求改变飞机姿态。飞控模块相当于无人机的"驾驶员"，是无人机最核心的部件之一。要实现对无人机飞行的控制，不仅要依赖于硬件，软件（算法）也尤为重要。软件通过分析来自加速度计、陀螺仪、气压计、磁力计等传感器测得的信息对无人机的姿态进行解算，并通过 PID 等控制算法对无人机的飞行姿态进行控制。无论是无人机的自主飞行，还是人为操纵无人机，都需要飞控模块对无人机的动力模块进行实时调节，以完成特定的飞行任务。

4. 导航

导航是指无人机感知自身空间位置的模块，包括惯性导航、GPS 卫星导航、地磁导航、气压计定高以及光流定位等。有了飞行控制和导航模块，无人机不仅可以实现精准悬停、自主返航，还可以按照规划好的路线实现自主飞行，以及实现半自动或全自动作业，使得无人机和航模有了本质的区别。

5. 通信

通信模块是无人机和地面控制站之间的桥梁，负责完成对无人机的遥控、遥测、跟踪定位和数据传输等。上行通道的功能是通过地面控制站向无人机发送路径数据和飞行指令，实现对无人机的遥控；下行通道主要是将无人机当前的状态参数、监测数据或图像发送回地面控制站。

1.4 本章小结及本书安排

本章首先介绍了无人机发展史以及无人机的种类和特点，基于飞行原理，无人机可分为固定翼无人机、无人直升机和多旋翼无人机。此外，本章还介绍了无人机系统的三个子系统，即飞行系统、任务载荷系统和地面系统，并介绍了各个子系统包含的模块，其中飞行系统是无人机的核心系统。

本书的编写融合了无人机产品软硬件设计方案实例（昂宝智能无人机学习套件OBP8005B，简称 OBP8005B），还有很多动手实践环节，真正做到产业的实用型技术和学校的教学经验并重，实现了产教融合，可以帮助各个水平的读者更好地理解智能无人机理论和实践过程。

本书重点讲述多旋翼无人机的飞行系统，如无特殊说明，均指的是四旋翼无人机。后续章节安排如下：

第 2 章为无人机概述，主要介绍无人机的姿态描述方法和多旋翼无人机的飞行原理。无人机的姿态描述方法包括欧拉角和四元数。多旋翼无人机的飞行原理将会介绍升力的产生以及如何通过调节各个旋翼的转速来调整无人机的飞行姿态。

第 3 章介绍无人机动力部件，主要介绍三个方面的内容，即电机、电调和电池。

第 4 章介绍无人机感知部件。无人机携带的传感器能感知无人机当前的姿态、高度、位置等信息，是无人机飞行控制的基础。该章按照功能将传感器划分为姿态传感器、高度传感器、位置传感器、避障传感器等，并对各自原理、特点等进行介绍。

第 5 章介绍无人机飞行控制核心算法，主要包括姿态、高度和位置的解算与控制。

第 6 章介绍无人机硬件设计及软件实现。以 OBP8005B 为例，介绍多旋翼无人机的硬件和软件。

第 7 章介绍无人机智能化，以展望的角度，介绍无人机的一些智能化功能，包括手势识别、人脸解锁、智能避障、智能返航等。

第 2 章　无人机概述

本章介绍无人机姿态的描述以及多旋翼无人机的飞行原理。无人机姿态描述的方法有欧拉角、四元数等。本章我们将介绍如何用欧拉角、四元数来描述一架无人机的姿态，它们各自都有哪些特点，数学表达又是怎样的，以及它们之间如何进行转换。在多旋翼无人机飞行原理的介绍中，我们结合多旋翼无人机的结构，分析旋翼的受力情况以及如何利用多个旋翼相互之间的配合来控制无人机的姿态。

2.1　无人机姿态的描述

2.1.1　坐标系的建立

无人机可以看作是一个三维空间的刚体，因此我们在描述其运动的时候，可以不考虑它的结构和弹性形变，在这样的前提下，无人机的运动可以通过 6 个自由度来描述，即三个平动自由度和三个转动自由度。而如果要对无人机的空中运动姿态进行科学描述，我们首先需要了解机体坐标系和地面坐标系的概念。

图 2.1 为本书所采用的地面坐标系和机体坐标系，上标 W（World，世界）代表地面坐标系，上标 B（Body，机体）代表机体坐标系。

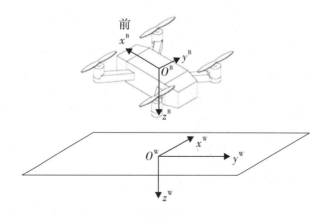

图 2.1　地面坐标系和机体坐标系

地面坐标系是固定在地球表面的一种坐标系，以地面上某一点为原点，x 轴位于水平面内，指向某个固定的方向；y 轴也位于水平面内，方向与 x 轴垂直；z 轴垂直于地平面向下（或向上）。三个轴的关系符合右手螺旋定则。地面坐标系的三个轴的选取有各种方法，比如可以使 x 轴指向东方，y 轴指向北方，z 轴向上（East North Up，ENU 坐标系），也可以使 x 轴指向北方，y 轴指向东方，z 轴向下（North East Down，NED 坐标系）。

图 2.1 是 NED 坐标系。在地球运动可以忽略的前提下，地面坐标系可看作是惯性系，是静止不动的，无人机的位置、姿态等都是以它作为参照系来衡量的。

机体坐标系是固定在无人机机体上的一个坐标系，也有不同的取法，图 2.1 的机体坐标系取无人机的质心为原点，x 轴指向无人机的前方，y 轴指向无人机的右方，x 轴和 y 轴都平行于桨盘平面，z 轴垂直于桨盘平面向下。机体坐标系是动坐标系，会随着无人机的运动产生移动和旋转。

2.1.2　无人机姿态的描述

无人机在做飞行运动时，我们不仅关心它的位置，还要知道它的姿态，如何科学定量地描述无人机的姿态是我们首先要解决的问题，也是无人机能够稳定飞行的基础。机体坐标系与地面坐标之间的相对位置包含了无人机的位置和姿态信息，我们了解这两个坐标系的目的就是更好地描述无人机的姿态。在图 2.1 中，假设无人机在初始状态时机体坐标系和地面坐标系重合，那么经过平移和旋转，可以使机体坐标系从初始状态变换至图中所示状态。在这个过程中，平移改变的是无人机质心的位置，而旋转改变的是无人机的姿态。我们在描述姿态的时候，通常用刚体在三维空间的旋转过程来表示，一旦旋转过程得以确定，无人机便可依据此旋转过程，从初始姿态到达目标姿态。因此，我们通常所用的姿态描述方法，无论是欧拉角还是四元数，本质上都是在描述一个旋转过程。

1. 欧拉角

欧拉角是表示旋转最简单最直观的一种方式，它使用三个分离的旋转角度来描述无人机的姿态，把一个旋转分解成 3 次绕不同轴的旋转。实际应用中，我们通常选择坐标系的 x 轴、y 轴、z 轴作为旋转轴。这里首先要说明以下几个问题：

（1）旋转正方向的定义。

旋转正方向和旋转轴之间符合右手螺旋定则，即右手握住旋转轴，大拇指指向轴的正方向，则四指环绕的方向即为旋转正方向，反之为反方向。

（2）使用不同的坐标系进行旋转得到的欧拉角不同。

我们可以选择用地面坐标系的坐标轴作为旋转轴，也可以选择用机体坐标系的坐标轴作为旋转轴，使用不同的坐标系，产生的欧拉角是不同的，因此就有了静态欧拉角和动态欧拉角之分。如果使用地面坐标系的坐标轴作为旋转轴，得到的是静态欧拉角，而如果使用机体坐标系的坐标轴作为旋转轴，则得到的是动态欧拉角。按照动态欧拉角进行旋转时，每旋转一次，旋转轴都会跟随无人机姿态的变化而变化。在无人机中，一般采用动态欧拉角。

（3）不同的旋转轴顺序得到的欧拉角不同。

除了选用不同的坐标系会影响欧拉角之外，按照不同的轴顺序进行旋转所得到的欧拉角也是不同的。图 2.2 展示了旋转顺序对结果的影响，位于 $x-z$ 平面的一个三角形，在初始状态相同的情况下，先绕 z 轴旋转 90°再绕 y 轴旋转 90°，与先绕 y 轴旋转 90°再绕 z 轴旋转 90°，最终得到的状态是不同的，因此我们在定义欧拉角的时候，需要确定是静态欧拉角还是动态欧拉角，同时要给出旋转的顺序，才可以确定无人机的唯一姿态。

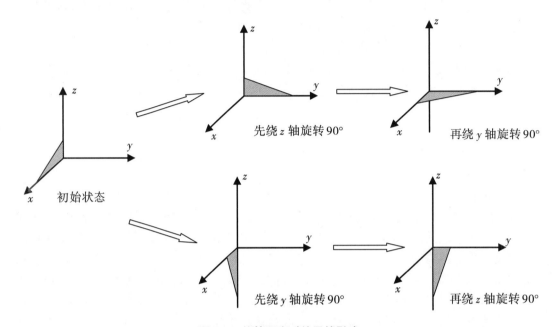

图 2.2 旋转顺序对结果的影响

在航空领域，三个欧拉角均有其特定的名称。按照图 2.1 对机体坐标轴的定义，当无人机绕 z 轴旋转（Yaw Axis）时，改变的是机头的方向，产生的是偏航角；当无人机绕 y 轴旋转（Pitch Axis）时，会改变机头机尾的高度，产生的是俯仰角；当无人机绕 x 轴旋转（Roll Axis）时，产生的是横滚角。通常我们采用的旋转次序是偏航—俯仰—横滚。图 2.3 为三个欧拉角的示意图，ψ 为偏航角，θ 为俯仰角，φ 为横滚角。

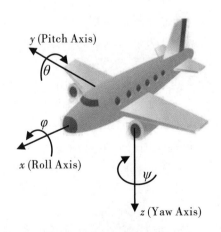

图 2.3 欧拉角示意图

2. 方向余弦矩阵

在已知偏航角 ψ、俯仰角 θ 和横滚角 φ 的情况下，也就是说在无人机姿态已知的情况下，如何得到地面坐标系中的一个点或者一个向量在机体坐标系中的坐标值，这就是空间坐标的旋转变换问题。

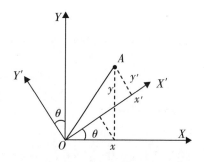

图 2.4　二维坐标旋转示意图

我们先来看一下二维的情况。在图 2.4 中，假设坐标系从 XOY 绕 Z 轴逆时针旋转 θ 角，变为坐标系 $X'OY'$。向量 OA 在 XOY 坐标系下的坐标为 (x, y)，在 $X'OY'$ 坐标系下的坐标为 (x', y')，注意向量 OA 并没有随着坐标系的旋转而旋转，则 (x, y) 与 (x', y') 的关系为：

$$x' = x\cos\theta + y\sin\theta$$
$$y' = -x\sin\theta + y\cos\theta \tag{2.1}$$

写成矩阵的形式则为：

$$\begin{bmatrix} x' \\ y' \end{bmatrix} = \begin{bmatrix} \cos\theta & \sin\theta \\ -\sin\theta & \cos\theta \end{bmatrix} \begin{bmatrix} x \\ y \end{bmatrix} \tag{2.2}$$

式（2.2）即为二维的坐标旋转变换方程，其中的矩阵 $\begin{bmatrix} \cos\theta & \sin\theta \\ -\sin\theta & \cos\theta \end{bmatrix}$ 为二维的方向余弦矩阵，将其扩展成三维的形式则为：

$$\begin{bmatrix} x' \\ y' \\ z' \end{bmatrix} = \begin{bmatrix} \cos\theta & \sin\theta & 0 \\ -\sin\theta & \cos\theta & 0 \\ 0 & 0 & 1 \end{bmatrix} \begin{bmatrix} x \\ y \\ z \end{bmatrix} \tag{2.3}$$

对于无人机来说，虽然它的旋转是三维的，但是按照欧拉角的每一次旋转，都可以看成是在二维的坐标平面内进行，比如绕 z 轴旋转可以看作是对 $x - y$ 平面进行的旋转，而绕 y 轴的旋转也可以看成是对 $x - z$ 平面的旋转，也就是说欧拉角将一次三维旋转分解成了三次二维的旋转，因此我们可以将这三次旋转对应的方向余弦矩阵分别写出，然后按照旋转次序将三个矩阵相乘即可得到总的方向余弦矩阵。

在已知偏航角 ψ（绕 z 轴旋转）、俯仰角 θ（绕 y 轴旋转）和横滚角 φ（绕 x 轴旋转）的情况下，我们可以得到分别绕三个坐标轴旋转的方向余弦矩阵：

$$R_\psi = \begin{bmatrix} \cos\psi & \sin\psi & 0 \\ -\sin\psi & \cos\psi & 0 \\ 0 & 0 & 1 \end{bmatrix}$$

$$R_\theta = \begin{bmatrix} \cos\theta & 0 & -\sin\theta \\ 0 & 1 & 0 \\ \sin\theta & 0 & \cos\theta \end{bmatrix} \tag{2.4}$$

$$R_\varphi = \begin{bmatrix} 1 & 0 & 0 \\ 0 & \cos\varphi & \sin\varphi \\ 0 & -\sin\varphi & \cos\varphi \end{bmatrix}$$

如果依次按照偏航角、俯仰角、横滚角的旋转顺序，则地面坐标 $\begin{bmatrix} x^{\mathrm{W}} \\ y^{\mathrm{W}} \\ z^{\mathrm{W}} \end{bmatrix}$ 向机体坐标

$\begin{bmatrix} x^{\mathrm{B}} \\ y^{\mathrm{B}} \\ z^{\mathrm{B}} \end{bmatrix}$ 转换的方向余弦矩阵可以通过以下方式得到：

$$\begin{bmatrix} x^{\mathrm{B}} \\ y^{\mathrm{B}} \\ z^{\mathrm{B}} \end{bmatrix} = \begin{bmatrix} 1 & 0 & 0 \\ 0 & \cos\varphi & \sin\varphi \\ 0 & -\sin\varphi & \cos\varphi \end{bmatrix} \begin{bmatrix} \cos\theta & 0 & -\sin\theta \\ 0 & 1 & 0 \\ \sin\theta & 0 & \cos\theta \end{bmatrix} \begin{bmatrix} \cos\psi & \sin\psi & 0 \\ -\sin\psi & \cos\psi & 0 \\ 0 & 0 & 1 \end{bmatrix} \begin{bmatrix} x^{\mathrm{W}} \\ y^{\mathrm{W}} \\ z^{\mathrm{W}} \end{bmatrix} =$$

$$\begin{bmatrix} \cos\theta\cos\psi & \cos\theta\sin\psi & -\sin\theta \\ \sin\varphi\sin\theta\cos\psi - \cos\varphi\sin\psi & \sin\varphi\sin\theta\sin\psi + \cos\varphi\cos\psi & \sin\varphi\cos\theta \\ \cos\varphi\sin\theta\cos\psi & \cos\varphi\sin\theta\sin\psi + \sin\varphi\sin\psi & \cos\varphi\cos\theta \end{bmatrix} \begin{bmatrix} x^{\mathrm{W}} \\ y^{\mathrm{W}} \\ z^{\mathrm{W}} \end{bmatrix} \qquad (2.5)$$

简化的写法为 $r^{\mathrm{B}} = C_{\mathrm{W}}^{\mathrm{B}} r^{\mathrm{W}}$，其中 $C_{\mathrm{W}}^{\mathrm{B}}$ 称为欧拉角形式的方向余弦矩阵，刻画了同一个向量从地面坐标系向机体坐标系转换的坐标变换关系。方向余弦矩阵为正交矩阵，根据正交矩阵的特性，它的转置矩阵即是它的逆矩阵。

方向余弦矩阵的逆矩阵描述的是一个相反的旋转，因此我们可以用以下式子来实现机体坐标到地面坐标的转换：

$$r^{\mathrm{W}} = (C_{\mathrm{W}}^{\mathrm{B}})^{-1} r^{\mathrm{B}} = (C_{\mathrm{W}}^{\mathrm{B}})^{\mathrm{T}} r^{\mathrm{B}} = C_{\mathrm{B}}^{\mathrm{W}} r^{\mathrm{B}}，\text{其中} C_{\mathrm{B}}^{\mathrm{W}} = (C_{\mathrm{W}}^{\mathrm{B}})^{\mathrm{T}} \qquad (2.6)$$

在图 2.4 所示的坐标旋转示意图中，如果我们把 XOY 坐标系看作是地面坐标系，$X'OY'$ 坐标系看作是机体坐标系，那么在机体坐标系进行旋转的时候，向量 OA 保持不变，也就是说向量 OA 和地面坐标系保持相对静止，在这种情形下，如果已知向量 OA 在地面坐标系中的坐标为 r^{W}，则可以通过式（2.5）进行坐标变换，得到向量 OA 在机体坐标系的坐标 r^{B}，所用到的方向余弦矩阵是 $C_{\mathrm{W}}^{\mathrm{B}}$，实现的是地面坐标向机体坐标的转换。除此之外，还有另外一种情形，即坐标系 XOY 不动，向量 OA 在转动，如果已知转动前向量的坐标是 r，那么转动后它的坐标 r' 该如何得到？要解决这个问题，我们可以假设有一个和向量 OA 保持相对静止的坐标系 $X'OY'$（机体坐标系）在与向量 OA 一同旋转。在向量 OA 旋转前两个坐标系重合，机体坐标和地面坐标相同，均为 r，旋转后机体坐标保持不变，即机体坐标仍为 r，而地面坐标有了变化，旋转后的地面坐标为 r'，因此 r 向 r' 的转换可以等价为机体坐标系向地面坐标系的转换，即 $r' = C_{\mathrm{B}}^{\mathrm{W}} r$，所用到的方向余弦矩阵是 $C_{\mathrm{B}}^{\mathrm{W}}$。在余弦矩阵的实际应用中应注意区分这两种情形。

欧拉角的一个缺陷是会遇到万向锁问题（Gimbal Lock），因为欧拉角是将一次三维旋转分解成三次二维旋转，而且有先后顺序，当绕 z 轴进行转动时，x 轴和 y 轴会跟着转动，同理当绕 y 轴转动时，x 轴和 z 轴也会跟着转动，因此会出现这样一个情形，即当俯仰角为 $\pm 90°$ 时，横滚轴会与地面垂直，这样横滚角将失去意义，绕横滚轴旋转和绕偏航轴旋转效果是相同的，会导致同一个姿态对应无数个偏航角和横滚角的组合。这一问题也可以从余弦矩阵中看出。当俯仰角为 $90°$ 时，余弦矩阵变为：

$$R_{\varphi}R_{\theta}R_{\psi} = \begin{bmatrix} 0 & 0 & -1 \\ \sin(\varphi-\psi) & \cos(\varphi-\psi) & 0 \\ \cos(\varphi-\psi) & -\sin(\varphi-\psi) & 0 \end{bmatrix} \tag{2.7}$$

可见余弦矩阵只取决于（$\varphi-\psi$）的值，因此会存在无数个 φ 和 ψ 的取值对应同一个余弦矩阵，这被称为欧拉角的奇异性。由于奇异性的存在，在无人机姿态控制的程序中很少直接使用欧拉角，而多数是采用下面将要讲到的四元数来进行姿态的解算和迭代，但欧拉角更加直观和易于理解，这一点是欧拉角优于四元数的地方。

2.1.3　四元数

方向余弦矩阵用 9 个量描述 3 个自由度的旋转，故存在冗余性，不紧凑，而欧拉角是紧凑的，但存在奇异性。事实上，我们无法用不带奇异性的三维向量来描述旋转，也就是说，想要无奇异地表达一个旋转过程，至少要有 4 个量，而四元数就是这样一种表达方式，它的特点是紧凑，没有奇异，但是和欧拉角相比，它不够直观。

在讲解四元数之前我们先来了解一下轴角。与欧拉角将一次三维旋转分解成三次二维旋转不同，轴角是用两个参数——轴和角来描述一次旋转。轴代表旋转轴，通常用一个单位向量表示；角是绕旋转轴转过的角度，是一个标量，如图 2.5 所示。

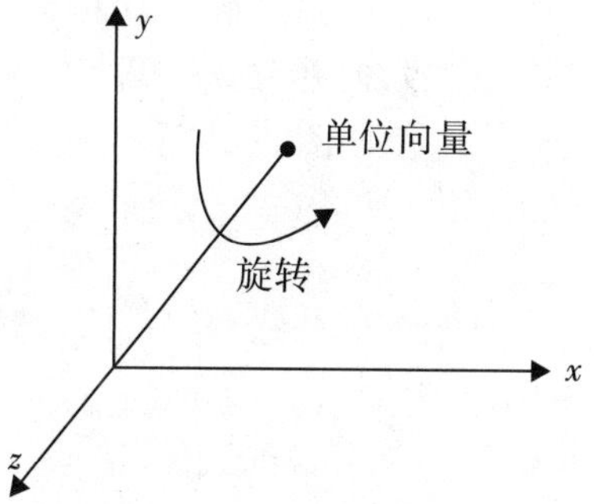

轴角可以表示为 $[n_x, n_y, n_z, \theta]$，其中 n_x、n_y、n_z 分别表示旋转轴的单位向量 n 在三个坐标轴上的分量，θ 为旋转的角度，取值范围是 $[0, 360°]$。轴角是一种非常直观的表述方式，也很紧凑，但是它不能直接施予点或向量，必须将其转化为旋转矩阵或四元数。

图 2.5　轴角的含义

四元数与轴角有些相似，它也是用一个旋转轴和一个绕轴旋转的角度来描述一次旋转，但它不像轴角那样用轴和角度的信息直接加以表述，而是经过了加工，具体的做法为：

$$\begin{aligned} q_0 &= \cos(\theta/2) \\ q_1 &= n_x\sin(\theta/2) \\ q_2 &= n_y\sin(\theta/2) \\ q_3 &= n_z\sin(\theta/2) \end{aligned} \tag{2.8}$$

式中 n_x、n_y、n_z 以及 θ 的定义与轴角相同，$Q = [q_0, q_1, q_2, q_3]$ 被称为四元数。四元数能表达三维空间的旋转，当然也可以用它来描述无人机的姿态。与欧拉角相比，它可以避免万向锁的问题，与方向余弦矩阵的 9 个量相比，它只有 4 个量，运算效率更高。四元数还有一个很大的优点，就是可以进行数学运算上的平滑插值和迭代。

四元数还可以用一个标量加一个向量的方式来表示：$Q = \left[\cos\dfrac{\theta}{2}, n\sin\dfrac{\theta}{2}\right] = [s, v]$，其中 n 为旋转轴的单位向量。可以看出虽然四元数不是一种非常直观的描述，但是通过四元数我们可以很容易地推导出旋转轴向量和旋转角，从而得到直观的旋转描述。

与式（2.8）相比，四元数更一般的形式是用一个超复数来表示，是由爱尔兰数学家 William Rowan Hamilton 发明的。之所以称其为超复数，是因为一般的复数是由一个实部和一个虚部组成，而超复数则由一个实部和三个虚部组成，即

$$Q = q_0 + q_1 i + q_2 j + q_3 k \tag{2.9}$$

其中 q_0 为实部，q_1、q_2、q_3 为三个虚部，由式（2.8）可知，四元数的实部包含了旋转角度的信息，而三个虚部包含了旋转轴的信息。i、j、k 为虚数单位，满足 $i^2 = j^2 = k^2 = ijk = -1$，$ij = k$，$ji = -k$，$jk = i$，$kj = -i$，$ki = j$，$ik = -j$，即相同的虚数单位相乘呈现虚数单位特性，不同的虚数单位相乘呈现向量叉乘特性。四元数不满足乘法交换律。

下面是关于四元数的一些基本概念：

（1）四元数的模。

$$\|Q\| = \sqrt{q_0{}^2 + q_1{}^2 + q_2{}^2 + q_3{}^2} \tag{2.10}$$

模为 1 的四元数称为单位四元数。我们用来描述旋转的四元数均为单位四元数，这样旋转前后的向量对应的模不会改变，即只表示旋转，而没有伸缩。

（2）四元数的共轭。

$$Q^* = q_0 - q_1 i - q_2 j - q_3 k \tag{2.11}$$

和复数的共轭相似，四元数的共轭是实部不变，虚部取相反数，四元数和它的共轭代表的是不同的旋转方向。

（3）四元数的逆。

$$Q^{-1} = \frac{Q^*}{\|Q\|} \tag{2.12}$$

对于单位四元数，它的逆和共轭是相同的。

（4）纯四元数。

实部为 0 的四元数为纯四元数。

下面我们用四元数来表示一个点或向量的旋转。就像一个模为 1 的复数可以表示一个在复平面的旋转一样，单位四元数也可以表示一个在三维空间的旋转。假设在三维空间中有一个点 M，它的坐标为 $[x, y, z]$，当它绕单位向量 n 旋转角度 θ 后变为点 M'，其坐标为 $[x', y', z']$，前面已经讲过用方向余弦矩阵来描述 M 到 M' 的转换。如果我们用四元数来描述该旋转，其关系又是怎样的？

我们先要将三维空间的点扩展为一个四元数，方法是用一个纯四元数来表示它。点 M 的坐标为 $[x, y, z]$，则它对应的四元数为 $P = 0 + xi + yj + zk = [0, v]$，即四元数的三个虚部分别对应点 M 的三个坐标值。用四元数 Q 代表一个绕向量 n 的旋转，$Q = \left[\cos\dfrac{\theta}{2}, n\sin\dfrac{\theta}{2}\right]$。旋转后的点 M' 也用一个四元数 P' 来表示，则它们之间的关系为：

$$P' = QPQ^* \tag{2.13}$$

可以证明 P' 也是一个纯四元数，也就是说实部为 0，那么它的三个虚部对应的是旋转后点 P' 的三维坐标值。

式（2.13）还可以表示为矩阵的形式：

$$\begin{bmatrix} x' \\ y' \\ z' \end{bmatrix} = \begin{bmatrix} q_0^2 + q_1^2 - q_2^2 - q_3^2 & 2(q_1q_2 - q_0q_3) & 2(q_1q_3 + q_0q_2) \\ 2(q_1q_2 + q_0q_3) & q_0^2 - q_1^2 + q_2^2 - q_3^2 & 2(q_2q_3 - q_0q_1) \\ 2(q_1q_3 - q_0q_2) & 2(q_2q_3 + q_0q_1) & q_0^2 - q_1^2 - q_2^2 + q_3^2 \end{bmatrix} \begin{bmatrix} x \\ y \\ z \end{bmatrix} \tag{2.14}$$

简化的写法可以写为 $r' = R_{\mathrm{B}}^{\mathrm{W}} r$，其中 r 和 r' 分别为 $[x, y, z]^{\mathrm{T}}$ 和 $[x', y', z']^{\mathrm{T}}$。为了和欧拉角形式的方向余弦矩阵加以区分，此处将四元数形式的方向余弦矩阵记为 $R_{\mathrm{B}}^{\mathrm{W}}$，此为将机体坐标系转为地面坐标系的方向余弦矩阵，如果要将地面坐标系转为机体坐标系，只需将 $R_{\mathrm{B}}^{\mathrm{W}}$ 进行转置即可得到 $R_{\mathrm{W}}^{\mathrm{B}}$：

$$R_{\mathrm{W}}^{\mathrm{B}} = \begin{bmatrix} q_0^2 + q_1^2 - q_2^2 - q_3^2 & 2(q_1q_2 + q_0q_3) & 2(q_1q_3 - q_0q_2) \\ 2(q_1q_2 - q_0q_3) & q_0^2 - q_1^2 + q_2^2 - q_3^2 & 2(q_2q_3 + q_0q_1) \\ 2(q_1q_3 + q_0q_2) & 2(q_2q_3 - q_0q_1) & q_0^2 - q_1^2 - q_2^2 + q_3^2 \end{bmatrix} \tag{2.15}$$

2.1.4 四元数与欧拉角的转换

式（2.5）给出的欧拉角形式的方向余弦矩阵 $C_{\mathrm{W}}^{\mathrm{B}}$ 与式（2.15）给出的四元数形式的方向余弦矩阵 $R_{\mathrm{W}}^{\mathrm{B}}$ 同为方向余弦矩阵的不同表达形式，根据二者的对应关系可得到四元数转换为欧拉角的关系式：

$$\begin{aligned} \psi &= \arctan\left(\frac{2(q_1q_2 + q_0q_3)}{1 - 2(q_2^2 + q_3^2)}\right) \\ \theta &= \arcsin(2(q_0q_2 - q_1q_3)) \\ \varphi &= \arctan\left(\frac{2(q_0q_1 + q_2q_3)}{1 - 2(q_1^2 + q_2^2)}\right) \end{aligned} \tag{2.16}$$

其中，ψ 为偏航角，θ 为俯仰角，φ 为横滚角。

2.2 多旋翼无人机结构形式

多旋翼无人机多采用平面的结构形式，多个旋翼均匀对称地分布在一个高度平面内，且每个旋翼的结构半径都相同。这个由旋翼桨叶所构成的平面我们称之为桨盘平面。

常见的无人机旋翼由一对桨叶组成，两个桨叶呈一字排开，且各自朝不同的方向倾斜。以图 2.6（a）所示的旋翼为例，当旋翼做逆时针旋转时，空气作用在两个桨面上的作用力为 F。F 可以分解成两个力，即垂直方向的力 F_z 和水平方向的力 F_x，其中 F_z 的方向均向上，为无人机的飞行提供升力，而两个 F_x 则会产生一个逆时针的扭矩。由于该扭矩的方向和旋翼转动的方向相反，因此被称为反扭矩，如果没有别的作用力与该反扭矩相抵消，则会导致无人机的陀螺效应。

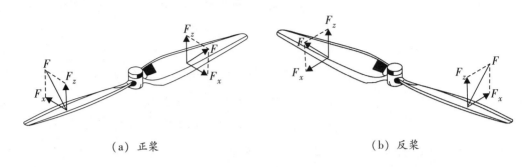

（a）正桨　　　　　　　　　　　（b）反桨

图 2.6　旋翼结构和受力图

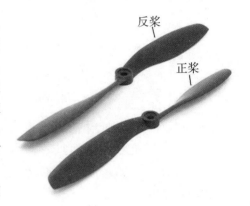

图 2.7　旋翼的正反桨

通常采用正反桨的方式来解决反扭矩的问题。图 2.7 给出了正桨和反桨的实物图，它们对应的受力情况见图 2.6。正桨在逆时针旋转时产生升力，反桨在顺时针旋转时产生升力，因此无人机在飞行时，正桨保持逆时针旋转，反桨保持顺时针旋转。在此情形下，正桨会产生顺时针的反扭矩，而反桨会产生逆时针的反扭矩，二者的反扭矩方向相反，相互抵消，使无人机得以平稳地飞行。

多旋翼无人机按照旋翼的个数不同可分为四旋翼、六旋翼、八旋翼等。对于比较常见的四旋翼无人机，它的四个旋翼呈十字交叉排列，根据其飞行方向和旋翼的位置分布不同可分为 + 模式和 × 模式，如图 2.8 所示。M1—M4 分别代表四个电机，其中 M1 和 M3 为正桨，M2 和 M4 为反桨。

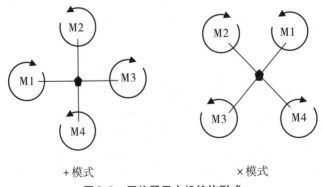

+模式　　　　　　　　　　×模式

图 2.8　四旋翼无人机结构形式

多旋翼无人机的每个旋翼配有一个电子调速器和一个电机。电子调速器简称电调，是飞控模块连接电机的桥梁，它可以根据飞控模块发出的控制信号调节电机的转速，从而控制旋翼的转速。无人机的飞行控制即是通过电调调节各个旋翼的转速来实现的。

2.3　无人机飞行原理

我们知道四旋翼无人机有 × 型和 + 型，本节以 × 型无人机为例，讲解多旋翼无人机的飞行原理。

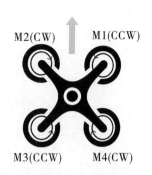

图 2.9　× 型四旋翼无人机的电机位置

图 2.9 是一架 × 型四旋翼无人机，箭头所示方向为无人机的前方，在两个机架梁的对称轴上。四个电机的编号如图 2.9 所示，M1 在右前方，M2 在左前方，M3 在左后方，M4 在右后方。M1 和M3 为正桨，逆时针（CCW）转动；M2 和 M4 为反桨，顺时针（CW）转动。采用正桨和反桨是为了抵消反扭矩的作用。在电机的带动下，每个旋翼只能向一个方向旋转，旋翼旋转时产生升力，旋转越快，升力越大。

无人机的飞行姿态包括垂直上升和下降、俯前飞（俯仰角为负，向前飞行）、仰后飞（俯仰角为正，向后飞行）、水平左右旋转（偏航运动）、滚右飞和滚左飞（横滚运动）。图 2.10 给出了各种飞行姿态的控制方法，其中 Ω_b 为基准转速，$\Delta\omega$ 为调节量。图中虚线为初始水平面。

我们先来看一下垂直上升和下降是如何产生的。我们知道，多旋翼无人机的旋翼桨面是固定的，只能产生向上的升力。当四个电机的转速同时增加，则带动旋翼的旋转速度增加，无人机会获得一个垂直向上的力，当这个力大于无人机的重力时，则会产生垂直向上的运动，如图 2.10（a）所示；反之，如果四个电机的转速同时下降，旋翼转动产生的升力不足以抵消无人机的重力时，无人机将会垂直下降。

如果想让无人机产生俯前飞（向前飞行），首先要使机体产生在俯仰方向的运动，即让无人机的机头下降，机尾升高，这样旋翼产生的升力会指向前上方，这个升力可分解为一个向上的分力和一个向前的分力，向上的分力抵消无人机的重力，向前的分力可以使无人机向前飞行。俯前飞具体的实现方法是将 M1、M2 的转速降低，将 M3、M4 的转速提高，这样即可使机头下降，机尾升高，无人机向前飞行。仰后飞的原理和俯前飞的原理非常相似，也是让无人机产生俯仰运动，但是旋转方向和俯前飞相反，即机头升高，机尾下降，这样旋翼的升力会指向后上方，使无人机向后飞行。具体实现的方法是将 M1、M2 转速提高，将 M3、M4 转速降低。图 2.10（b）给出的是仰后飞的示例。

如果想让无人机实现右侧飞（向右平移飞行），可以将 M1、M4 减速，将 M2、M3 增速，这样飞机左边抬升，右边下降，使机体产生在横滚方向的运动，旋翼的升力指向右上方，无人机向右飞行，此为右侧飞；反之如果 M1、M4 增速，M2、M3 减速，无人机向左飞行，为左侧飞。图 2.10（c）给出的是右侧飞的示例。

无人机的水平旋转即偏航运动，它的实现是利用了上一节提到的空气对无人机的反扭矩作用。图 2.9 中的四个电机，M1 和 M3 是逆时针旋转，产生的反扭矩作用是顺时针方向；M2 和 M4 是顺时针旋转，产生的反扭矩作用是逆时针方向。如果顺时针反扭矩和逆时针反扭矩大小相等，则相互抵消，无人机不会旋转，但是当两个方向的反扭矩作用不相等时，无人机则会产生水平旋转。因此，当 M1 和 M3 转速下降，M2 和 M4 转速提高，无人机会逆时针旋转，即左旋转。反之，如果 M1 和 M3 转速提高，M2 和 M4 转速下降，则无人机顺时针旋转，即右旋转。图 2.10（d）给出的是右旋转的示例。

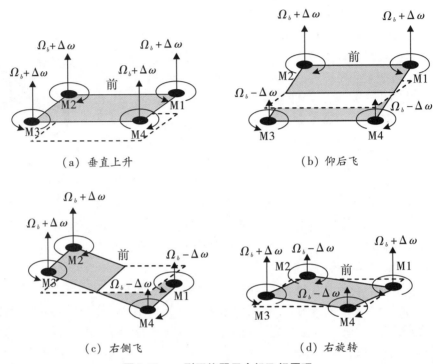

（a）垂直上升　　　　　　　　　　　（b）仰后飞

（c）右侧飞　　　　　　　　　　　　（d）右旋转

图 2.10　×型四旋翼无人机飞行原理

表 2.1 给出了 ×型四旋翼无人机实现 8 种飞行姿态的电机控制示例，此处 Ω_b 为 50%，$\Delta \omega$ 为 20%。可以看出，与 +型无人机可以通过调节一个或两个旋翼的转速来实现某种飞行姿态相比，×型无人机的特点是每一种飞行姿态都需要通过同时控制 4 个旋翼的转速来实现，因此要达到对无人机的平稳控制，需要 4 个电调与 4 个电机的联动控制，这对电调的一致性和精度提出了较高的要求。

表 2.1　飞行姿态对应的 4 个电机控制示例

飞行姿态	运动方向	M1（CCW）	M2（CW）	M3（CCW）	M4（CW）
垂直上升	垂直方向	50% +20%	50% +20%	50% +20%	50% +20%
垂直下降	垂直方向	50% −20%	50% −20%	50% −20%	50% −20%
俯前飞	俯仰方向	50% −20%	50% −20%	50% +20%	50% +20%
仰后飞	俯仰方向	50% +20%	50% +20%	50% −20%	50% −20%
右侧飞	横滚方向	50% −20%	50% +20%	50% +20%	50% −20%
左侧飞	横滚方向	50% +20%	50% −20%	50% −20%	50% +20%

（续上表）

飞行姿态	运动方向	M1（CCW）	M2（CW）	M3（CCW）	M4（CW）
右旋转	偏航方向	50% +20%	50% −20%	50% +20%	50% −20%
左旋转	偏航方向	50% −20%	50% +20%	50% −20%	50% +20%

2.4　多旋翼无人机系统的构成

对于任何一个无人机系统来说，飞行控制都是其最基本也是最重要的功能之一。飞控系统的核心是主控芯片，它是一个微控制器，是飞控系统的大脑，它负责收集传感器的信息和数据，经过算法解算出无人机当前的状态，再根据指令或需求将控制信号发送给电调，通过电调控制各个电机的转速，从而实现无人机的飞行姿态。

要实现飞行控制，我们首先需要知道无人机当前的状态，因此需要各种传感器的支持，通常包括惯性测量单元（IMU）、磁力计、气压计/超声波传感器等，其中 IMU 包括陀螺仪和加速度计，可以获得无人机的三轴角速度和加速度。磁力计可以获得无人机相对地面坐标的偏航信息，气压计/超声波传感器可以获得无人机的高度信息。如果要获得位置信息，还需要有 GPS 和光流模块，分别用于室外和室内的定位。这些传感器均安置在无人机的机身上，为主控芯片提供无人机当前姿态的最直接数据。

传感器的输出通过传感器校准和数据采集模块提供给主控芯片。传感器得到的数据通常含有噪声，依靠单一的传感器数据无法获得理想的飞行姿态，因此主控芯片获得传感器的信息后，需进行数据融合和姿态解算，得到无人机当前飞行姿态，再利用第 5 章将会讲到的 PID 控制算法，计算出控制量，向执行部件发出控制信号，控制电机的转速。

无人机使用电机带动旋翼转动，而主控芯片发出的控制信号一般不会直接作用于电机，需经过电机驱动模块为电机提供所需的电信号，关于电机和驱动的详细讲解请参看第 3 章。

不同厂家的多旋翼无人机系统虽然各不相同，但是有其共通性，在此我们以 OBP8005B 四旋翼无人机系统为例来讲解多旋翼无人机系统的构成。

OBP8005B 四旋翼无人机具有摄像功能，为保证无人机在飞行过程中拍摄画面的稳定，配备了带有增稳功能的摄像云台。增稳云台的电机也需要专门的驱动模块进行驱动。无人机拍摄的画面经无线图传模块传至地面。除此之外，无人机还配有 2.4G RF 双向数传遥控器，可实现较长距离的无线遥控。

OBP8005B 四旋翼无人机系见图 2.11。

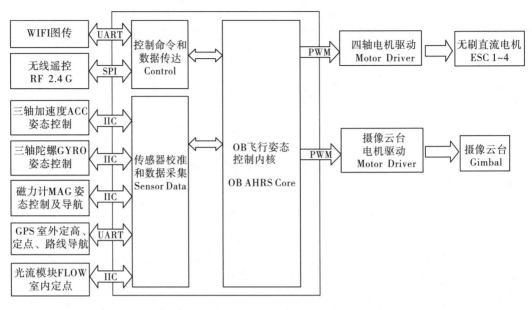

图 2.11 OBP8005B 四旋翼无人机系统

2.5 多旋翼无人机系统的功能

1. 稳定的飞行姿态控制

稳定的飞行姿态控制是无人机所有功能的基础。多旋翼无人机不具备自稳定飞行系统,它必须依赖飞行控制模块不停地监测、调整无人机的姿态才可以稳定地飞行。对飞行姿态的控制采用双闭环 PID 控制:外环 PID 是三轴欧拉角角度闭环,内环 PID 是三轴角速度闭环,见图 2.12。关于 PID 控制的原理及方法请参考第 5 章的相关内容。该功能涉及的传感器主要有陀螺仪和加速度传感器,技术方向包括传感器数据滤波算法、角度和加速度数据融合、四元数和欧拉角解算等。

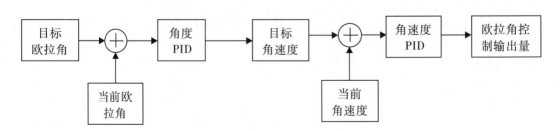

图 2.12 飞行姿态双闭环控制流程

2. 定高悬停功能

无人机在执行任务时(比如拍摄时)往往需要悬停在某一高度,这就是定高悬停功能，该功能包括对当前高度的解算和定高控制。对高度的解算需要知道和计算出高度参数，直接测量高度的仪器一般有气压计和超声波传感器。气压计是根据不同高度的气压值不同来确定高度的，超声波传感器是依靠测距来定高。另外可以通过间接的方式获得高度信息，如通过测量无人机在垂直方向上的加速度，然后对时间进行两次积分得到高度信息。要获得准确且稳定的高度信息，需将多个传感器测量的结果进行融合。定高悬停功能涉及的技术方向有气压计抗气流干扰数据滤波算法，超声波测距、加速度和高度数据融合以及高度双闭环 PID 控制。高度解算和高度控制的相关内容在第 5 章有详细讲解。定高控制双闭环 PID 框图如图 2.13 所示。

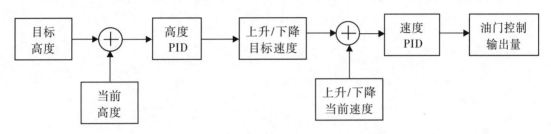

图 2.13　定高控制双闭环 PID 框图

3. 室外定点/导航功能

室外定点技术包括定高和定位，定高技术和定高悬停技术相同，定位主要使用 GPS 模块，获得无人机所在经纬度坐标，经过坐标变换，得到地面坐标系坐标。技术方向有 GPS 导航控制、GPS 路径规划算法、自动返航算法、定高和定点 PID 控制等。

4. 室内定位功能

在 GPS 信号比较弱的室内环境中，无人机使用室内定位技术来确定自己的位置。光流是常用的室内定位技术，它是一种基于视觉的技术。光流是利用不同时刻拍摄的图像进行计算而得到的一种由像素点构成的二维模式运动瞬时速度，在对象分割、识别、导航等方面有着重要的作用。室内定位功能涉及的技术方向有光流算法、定高闭环 PID 控制和定点闭环 PID 控制。

5. 遥控

无线通信技术主要用于无线电遥控和图传，通过无线电遥控设备可使地面人员操控无人机。无线电遥控设备分发射机和接收机，发射机包括遥控指令产生器和发射电路，功能是将指令信号进行调制后发射出去。接收机包括接收电路和执行电路，功能是将发射机发来的信号经过解调后再执行。目前多使用 2.4G 无线遥控模块实现此功能。

6. 增稳云台与图传

拍摄是无人机的一个重要功能，增稳云台可以抵消相机的抖动，使相机在无人机飞行过程中保持稳定，拍摄画面更加清晰。另外，由于一些应用场景的实时性要求，无人机拍摄的图片需经过无线图传技术传给地面。目前普遍使用的是 5.8G 长距离图传模块。

7. 无人机智能化

现代无人机一个最大的特点就是使用智能化技术。无人机智能化包含的方面很多，以下仅列举几项：

（1）航线规划与导航。无人机根据任务的需求自主设计飞行路线。

（2）自主避障。无人机使用超声波测距或雷达感知物体进行避障，或者采用视觉技术，如使用双目摄像头结合空间数据分析算法感知深度信息。自主避障功能还涉及飞行急停和刹车控制。

（3）安全返航。无人机在遇到危险或者在电池耗尽之前安全返航。

（4）手势控制。无人机通过机载摄像头捕捉、识别手势信息，并执行手势发出的指令。

无人机智能化还有很多其他的方面，比如人脸识别和跟踪、语音互动等，在此不一一列出。

第 3 章 无人机动力部件

回看人类社会的发展历程，动力（含动力能源和动力部件）的发展对社会的进步起到极大的促进作用。现今，无人机的动力能源主要是以电能和化石能源为主，太阳能、核能、氢能等动力能源也逐步在无人机领域得到使用，如太阳能无人机、核动力无人机、氢燃料无人机等。无人机动力部件主要是以电动机和内燃机为主，据此将无人机动力系统分为纯电动机动力系统、纯内燃机动力系统和油电混合动力系统。而无论何种动力系统，系统中各部件之间是否匹配以及动力系统与整机的匹配度，都将直接影响到无人机整体的效率和稳定性，所以说动力系统的设计至关重要，而对各部件的认知将是动力系统设计的基础。消费级无人机通常采用的是纯电动机动力系统，其主要包含电动机、电调（控制电动机转速）、电池以及螺旋桨等。接下来，本章将重点讲解上述各部件结构、原理、核心参数等。

3.1 电机

电动机简称电机，是指依据电磁感应定律实现将电能转换为机械能的一种装置。它的主要作用是产生转动力矩来驱动其他物体，使其具有机械能，通常作为各种机械的动力源。

3.1.1 电机的种类

电机的发明距今已有约两百年的历史，根据不同的应用需求和特点，现已发展了很多类型的电机，其分类依据也众多，如按工作电源、结构、工作原理、转速、转子结构等分类。

图 3.1 为电机分类图，按电机工作使用的电源类型可划分为直流电机和交流电机，直流电机由直流电源供电，交流电机由交流电源供电。直流电机和交流电机在构造与控制方式上也有不同，如在速度控制方面，直流电机通常是通过改变电枢绕组的电流大小来控制速度，而交流电机的速度则借助变频器来控制。

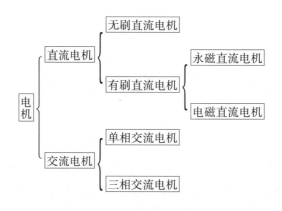

图 3.1　电机分类

　　多旋翼飞行器常使用锂电池作为动力电源，电机采用直流电机。相比交流电机，直流电机具有更高的效率和较轻的重量。

　　直流电机按工作原理又可划分为有刷直流电机和无刷直流电机。其实早期的电机都是有刷的，这个刷子叫电刷或碳刷，它是由具有导电性的材料制成（如导电石墨），作用是通过与换向器配合，持续改变电枢绕组的电流方向（通常被称为换相），以此来改变转子受力方向，保障电机能够持续转动起来。随着电子技术的发展，有了其他换相技术的出现，即无须电刷的直流电机——无刷直流电机。无刷直流电机的换相是通过电调实现的，具体细节后面将有详细讲解。

　　有刷直流电机按照磁场产生方式可划分为永磁直流电机和电磁直流电机。用永磁材料（如铝镍钴、铝铁硼、铁氧体等）作为产生固定磁场的直流电机叫做永磁直流电机，而通过电磁铁产生固定磁场的，即为电磁直流电机。

　　交流电机按照其使用的交流电类型可划分为单相交流电机和三相交流电机。单相电是指由一根相线（俗称火线）和一根零线构成的电能输送形式，中国家庭用电 220V@ 50Hz 交流电即为单相电。三相电电源是指由三个频率相同、振幅相等、相位依次互差 120° 的交流电势组成的电源，中国工业用电是 380V@ 50Hz 三相交流电。三相交流电机相比于单相交流电机，具有构造简单、省材料、性能优良、大容量、低损耗的优点，工业常用三相交流电机。

　　按照电机结构大致可以分为铁芯电机和空心杯电机。众所周知，电机结构中最核心的两个部件为转子和定子，传统铁芯电机的转子是由电枢绕组缠绕在电枢铁芯上，并连接转轴构成，如图 3.2（a）。通常电枢绕组是缠绕在铁芯上，并与电枢轴等构成转子，而空心杯电机相对传统电机转子在结构上有所突破，采用的是无铁芯转子，又由于其形状类似空心的杯子，也叫空心杯转子，如图 3.2（b）。空心杯电机属于直流电机，其也可分为有刷和无刷两种。

（a）铁芯转子　　　　　　　　　　　（b）空心杯转子

图 3.2　铁芯转子和空心杯转子

电机根据转子分类，如图 3.3 所示：

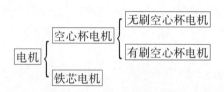

图 3.3　电机根据转子分类

3.1.2　有刷电机

如图 3.4 是某典型有刷电机结构图，其采用机械换相，定子不动，转子旋转。

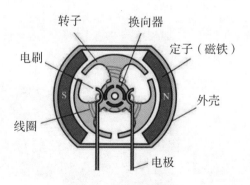

图 3.4　有刷电机结构

当上述有刷电机工作时，转子、线圈和换向器是连同一起旋转的，而定子和电刷（碳刷）是固定的，线圈电流方向的变化是因为电机转动时，换向器和电刷会同时发生相对转动，而致使接入电极的线圈发生变化。再结合图 3.4 有刷电机结构，中间的换向器是由三个相互绝缘的弧形导体组成的，每一个弧形导体上接连了相邻线圈的电线端各一个，即每一个线圈的两端分别接连在相邻的弧形导体上。相邻弧形导体是通过由导电石墨做成的小柱子（碳刷），在弹簧压力的作用下，再经电极接入电源的，此时就实现了一组线圈的通电。电机转动到不同位置给相应线圈的两极通电，使得线圈产生的磁场 N－S 极与最靠近的永磁铁定子的 N－S 极有一个适合的角度差，磁场异性相吸、同性相斥，产生力矩，推动电机转动。

有刷直流电机是利用碳刷和换向器进行换相，这也正是有刷电机的最大缺陷，其主要问题如下：

（1）碳刷与换向器是机械摩擦接触，会产生电磁干扰、寿命短、噪声大等问题；

（2）转子附加上换向器，使得转动惯量增大，影响动态性能；

（3）碳刷易损耗，需经常维护，整体结构复杂，可靠性偏差。

3.1.3 空心杯电机

空心杯电机，其核心特征是它的转子是中空的，转子由线圈绕组定型为杯状，并在转子中穿插固定一根轴，类似一个中间穿插有一根轴的水杯，"空心杯"的称谓由此而来。图 3.5 为空心杯电机实物图。

空心杯电机也可分为有刷空心杯电机和无刷空心杯电机，其具体构造区别和典型的有刷、无刷电机区别一致，简言之就是"有刷空心杯电机转子无铁芯，无刷空心杯电机定子无铁芯"，同时要提醒大家的是市面上常说的空心杯电机通常是有刷空心杯电机。

图 3.5　空心杯电机实物图

有刷空心杯电机简称为空心杯电机，它的转子是由线圈绕组做成杯状构成，定子是永磁铁，换相需要电刷和换向器。图 3.6 是一个典型的有刷空心杯电机的结构图。

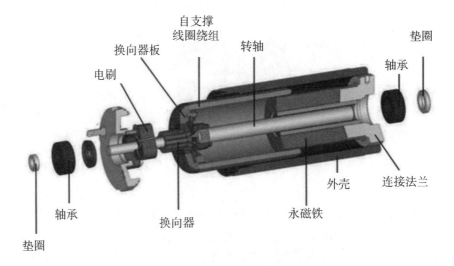

图 3.6　有刷空心杯电机结构

由图 3.6 我们可以看到，空心杯转子由自支撑线圈绕组、换向器、换向器板和转轴联结组成，定子主要是由永磁体、外壳、连接法兰构成。

在无刷空心杯电机中，永磁铁做成转子，线圈绕组为定子，一般大功率的空心杯都采用这种结构。图 3.7 是一个典型的无刷空心杯电机的结构图，从其结构上可以明显看出，其定子并无铁芯。

从图 3.7 我们看到转子是由永磁铁、转轴构成，线圈绕组作为定子和外壳联结在一起。

空心杯电机的主要特点如下：

（1）电机效率高：没铁芯，无铁损，机械损失低；

（2）机电时间常数低：转子轻，转动惯量小，响应快；

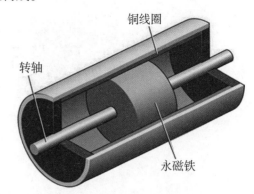

图 3.7　无刷空心杯电机结构

（3）稳定性高：运行稳定可靠，转速高且波动稳定，噪声小；

（4）功率质量比高：与相同输出功率铁芯电机相比，空心杯质量更轻。

无人机业界常说的空心杯电机通常指的是直流有刷空心杯电机，因为其有尺寸小、质量轻、转速高等优势，多用于竞速穿越机和迷你无人机等领域，但由于碳刷的损耗，使其维护和寿命是一个很大的短板。

3.1.4　无刷直流电机

无刷直流电机（Brushless Direct Current Motor，简称 BLDCM）是以电子换向器取代了机械换向器的直流电机。有刷、无刷直流电机的区别在于是否有碳刷和换向器。在有刷电机中，碳刷和换向器起到电流换相作用，保障电机能够持续转动。而无刷电机是通过电子换相实现电流换相，所谓电子换相指的是控制器通过控制逆变器来改变电机各相的通电顺序、方向。其中逆变器作用是将电源的直流电转变为交流电，来驱动电机，而无须机械换相（碳刷和换向器）。电机转动时，转子与定子之间的转矩是随转子位置变化的，而位置的变化直接决定换相时机，也就是说当转子转到某一个位置时控制器需要执行一次换相操作，这时候转子的位置信息就显得尤为重要。位置信息可以通过传感器获取，如霍尔传感器、旋转变压器、光电编码器等，其中霍尔传感器最为常用。由于传感器的引入会导致体积、成本、维修、抗干扰性、可靠性等一系列问题，人们发展了无感无刷电机控制技术，即转子位置检测不再依靠传感器的技术，实际应用中利用反电动势检测法来检测位置最为常用。接下来我们将分别介绍有感无刷直流电机和无感无刷直流电机。

1. 有感无刷直流电机

有感无刷直流电机即拥有位置传感器的无刷直流电机。图 3.8（a）为有感无刷直流电机实物图，图 3.8（b）为其内部结构图。一般情况下，无刷直流电机通过安装在电机内部的 3 个霍尔传感器（互成 120°）来获取转子位置和速度信息，再结合电调实现对电机的闭环控制，这种含位置传感器的无刷直流电机就是所谓的有感无刷直流电机。

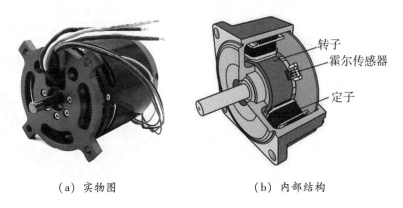

（a）实物图　　　　　　　　　（b）内部结构

图 3.8　有感无刷直流电机

图 3.9 是有感无刷直流电机的控制框图。其中虚线框即为有感无刷直流电机的闭环控制框图。

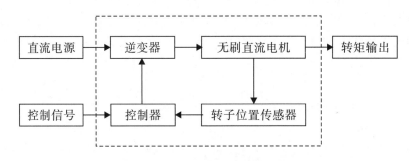

图 3.9　有感无刷直流电机控制框图

图 3.9 虚线框中控制器需要结合控制信号和转子位置信息，及时地对逆变器中的各个大功率开关管进行开关操作，以保障直流电能够被转变为合适的交流电，以驱动电机。电机转动起来后的转速等信息又可以通过位置传感器得到，控制器通过判断电机当前状态是否达到控制信号所需，据此再对逆变器进行调整控制，这就形成了闭环操作。在航模、车模中，有感无刷直流电机较为常用，因为其需要频繁地启停、反转，并且其重量对整套动力系统的影响也不是十分大。

2. 无感无刷直流电机

无感无刷直流电机即无须位置传感器的无刷直流电机。图 3.10 是无感无刷直流电机的控制框图，与有感无刷直流电机的区别在于无感无刷直流电机是通过无感位置检测技术来实现位置信息的获取。

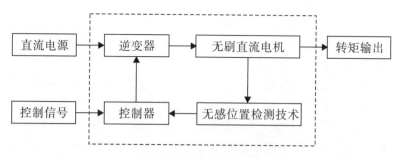

图 3.10　无感无刷直流电机控制框图

那么位置信息又具体该如何获取？是通过感应电动势（反电动势）获取。定子线圈在转子（永磁磁钢）产生的磁场中发生相对转动，有磁通量的变化，这样定子线圈上势必会产生感应电动势。然后针对感应电动势的过零检测来制定换相策略。图 3.11 是市面销售的一款无感无刷直流电机。

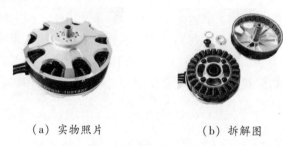

（a）实物照片　　　　　（b）拆解图

图 3.11　无感无刷直流电机

无感无刷直流电机的优点在于省去了 3 个霍尔传感器，整套系统重量更轻，结构更简单。其缺点在于电机启动时，由于低速产生的反电动势极低，导致过零检测不稳定，从而影响换相。即启动时，电机可控性较差，达到一定转速后才变得可控。但这个对多旋翼飞行器来说并不是大问题，因为在多旋翼飞行器停飞前，电机都处于高速运转中，中途无须启停电机，在实际中无感无刷直流电机应用较为广泛。

3. 内、外转子电机

根据电机转子和定子的相对位置，无感无刷直流电机还可分为无感无刷直流内转子电机和无感无刷直流外转子电机。图 3.12 是内转子电机和外转子电机示意图。

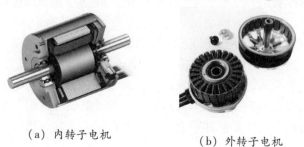

（a）内转子电机　　　　（b）外转子电机

图 3.12　内转子电机和外转子电机

如图 3.12（a）所示，永磁铁和转轴构成转子，转子位于定子内部，这就是内转子电机。图 3.12（b）是市面销售的一款外转子电机，其转子由永磁体均匀排布在电机外壳内部，并连接转轴，而定子在电机内部。

综上所述，有、无感无刷直流电机在结构上的区别就是有无位置传感器的差异，可以通过电机引出导线数目判断，一般来说 3 根引出线的电机多半是无感无刷直流电机，8 根引出线（3 根相线，3 根传感器输出线，2 根传感器电源线）的一般为霍尔有感无刷直流电机。内、外转子电机的差别体现在其转子处于电机内还是电机外，可以直接通过观察转轴转动时，外壳是否转动来判断，若转动即为外转子电机，否则为内转子电机。在多旋翼飞行器的实际应用中，常用的是无感无刷直流外转子电机。本章后续小节将对无感无刷直流外转子电机（简称"无刷电机"）进行讲解。

3.1.5 无刷电机结构

无刷电机和有刷电机在结构上非常相似，也有转子和定子，但它们之间的电磁结构是相反的。无刷电机的转子是永磁体，连同外壳一起和输出轴相连，定子是线圈绕组，固定在底座上。图3.13（a）为多旋翼飞行器常用无刷电机实物图，3.13（b）是将定子和转子分离的拆解图。从图中我们看到其内定子是由电枢、轴承、底座构成，而外转子是由永磁体、转轴、外壳组成。

（a）实物图　　　　　　　　　　　（b）拆解图

图 3.13　常见多旋翼飞行器无刷电机

其中，电枢由电枢绕组和电枢铁芯构成，如图 3.14（a）。电枢绕组是指嵌在电枢铁芯的槽内的线圈，有时也被称为线圈绕组。电枢绕组是直流电机的电路部分，根据通电导线的磁效应，通电电枢绕组将产生磁场并与永磁体磁场作用，产生转矩。不通电电枢绕组将由于电磁感应定律，线圈在永磁体产生的磁场中运动，并产生感应电动势（反电动势）。电枢铁芯由硅钢片堆叠而成，如图 3.14（b）。其既是主磁路的一部分又是电枢绕组的支撑部件，它在整个系统中的作用主要是降低磁阻、参与磁路运转，引导形成磁回路，降低电机磁阻。无刷电机外转子的核心部件是永磁体，其在定子的旋转磁场作用下旋转，其结构如图 3.14（c）。

（a）电枢　　　　　　（b）电枢铁芯　　　　　　（c）外转子

图 3.14　无刷电机部件

无刷电机的整体结构如图 3.15 所示。

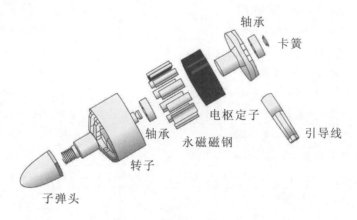

图 3.15　无刷电机整体结构

3.1.6　无刷电机主要参数

下面以某品牌无刷电机 X2806 – KV650 为例进行主要参数讲解，如表 3.1 所示。

（1）电机 KV 值：电机 KV 值与转速有以下关系：电机的转速（空载）＝ KV 值 × 电压。如电机 X2806 – KV650，为 650 KV 电机，在 10 V 电压下的转速（空载）就是 6 500 r/min。这就是 KV 值的实际意义，即为单位工作电压下电机的转速。低 KV 值电机效率高，扭力大，适合搭配大直径螺旋桨，在高电压、低转速环境工作。高 KV 值电机，扭力小，适合在低电压、高转速环境下工作，并搭配小直径螺旋桨。在可承受的功率范围内，要达到同样的拉力，KV 值低的电机，消耗的电流要远小于 KV 值高的电机。业界有这样的说法：选电机就是选 KV 值。因为电机的 KV 值决定了搭配什么样的飞行器、选择什么型号的桨。

（2）电机效率：指的是拉力与电机功率的比值，主要是通过电机的力效表（或称为拉力表）获得，力效表指的是厂家对某一个电机，在不同螺旋桨、电压、电流下测出其拉力、转速、温度等参数。表 3.2 是某品牌电机的部分力效表，具体指的是在螺旋桨为 10 × 4.7 inch

规格，电压 14.8 V 的工作情况下，不同电流下测得的拉力、转速、温度等参数。从表 3.2 中我们可以得知效率和拉力是负相关的，为了不浪费电机功率，建议效率值≥7 g/W。

表 3.1　某品牌无刷电机 X2806 – KV650 参数

规格（Specification）	推荐单轴起飞质量≤450 g	
定子外径（Stator Diameter）	28 mm	
定子厚度（Stator Thickness）	6 mm	
电机尺寸（Motor Size）	$\phi 35 \times 26.5$ mm	
轴径（Shaft Diameter）	4.0 mm	
定子槽数（No. of Stator Arms）	12	
转子极数（No. of Rotor Poles）	14	
电机 KV 值（Motor KV）	650 KV	
空载电流（No-load Current）	0.4 A/10 V	
电机电阻（Motor Resistance）	227 mΩ	
最大连续电流（Max Continuous Current）	16 A/180 s	
最大连续功率（Max Continuous Power）	250 W	
重量（含线长）（Weight）	47 g	
转子直径（Rotor Diameter）	35 mm	
电机长度（Body Length）	18 mm	
支持锂电池节数（Max Lipo Cell）	4 S	
建议使用电调（ESC）	20～30 A	
推荐螺旋桨规格（Recommend Prop）	10×4.7 inch	11×4.7 inch
	12×4.7 inch	12×3.8 inch

表 3.2　某品牌电机的力效表

螺旋桨（inch）	电压（V）	电流（A）	RPM（转/分）	拉力（g）	功率（W）	效率（g/W）	全油门负载温度
10 × 4.7	14.8	0.4	2 691	100	6	16.89	29 ℃
		1.2	3 712	200	18	11.26	
		2	4 390	300	30	10.14	
		3.1	4 960	400	46	8.72	
		4.2	5 427	500	62	8.04	
		5.6	5 850	600	83	7.24	
		7.1	6 280	700	105	6.66	
		8.8	6 680	800	130	6.14	
		10.5	7 040	900	155	5.79	

设计无人机时，需要根据整机重量、续航要求等参数，搭配具有足够拉力的电机螺旋桨组合、足够电流的电调、足够容量的电池等。力效表对我们选择合适的电机、电压、螺旋桨等有极大帮助。

电机效率与电机损耗是一种负相关关系，而电机损耗主要包含铁芯损耗、铜损耗、风磨损耗等。铁芯损耗主要是交变磁场在铁芯中产生涡流损耗和磁滞损耗；铜损耗指的是在通电线圈中产生的焦耳热；风磨损耗指的是高速转动的转子克服轴承摩擦和空气阻力做功等。

（3）单轴拉力：也叫额定拉力，这与表 3.1 中的推荐单轴起飞质量是同一意思。在考虑如抗风、动力性能等方面前提下，电机能够长时间稳定拉动的起飞质量为 450 g，通过表 3.2，我们可以简单推算当拉力为 450 g 时，电机的电流约为 3.65 A，功率约为 58 W，效率约为 8.38 g/W。值得注意的是，这并非电机的最大输出拉力，我们通过表 3.1 得知此电机最大连续功率为 250 W，结合表 3.2 我们可以推算出其最大输出拉力约为 1 450 g。一般来说，电机最大输出拉力是 2~3 倍于额定拉力。

（4）电机尺寸：无刷电机尺寸对应 4 位数字，其中前 2 位数字是电机定子的直径（单位：mm），后 2 位数字是电机定子的高度。大部分厂家以这个 4 位数命名。如某品牌 X2806 - KV650 电机，其定子直径为 28 mm，厚度为 6 mm。一般正规品牌会在参数中标明电机尺寸，如此上述电机的电机尺寸在表 3.1 中已经标注为 $\phi 35 \times 26.5$ mm。说明此电机尺寸为直径 35 mm，高度 26.5 mm。

（5）空载电流：在指定电压下，电机无负载的工作电流。空载电流越大说明其空载损耗也越大，也可以推导出其转动的铜损耗也较大，电机效率不高。

（6）最大连续电流：由散热速度限制，每个电机工作时允许的电流有最大值，同时其允许最大电流的持续时间也是有限定的，如表 3.1 中的 16 A/180 s，即在最大电流 16 A 情况下，只能持续工作 180 s，否则可能烧毁电机。

（7）最大功率：电机安全工作时，承受的最大功率极值称为最大功率。功率的选择首先要确定负载的总质量，根据力效表，计算所需电机功率。假设 1 W 功率能够带起 2 g 质量，若四旋翼无人机总质量为 1 000 g 时，单个电机所需功率是 500/4 = 125 W。见表 3.1，推荐单轴起飞质量 ≤450 g，那么四旋翼无人机的推荐总质量应 ≤1 800 g。

3.1.7　无刷电机选型

电机选型必须先了解无人机的应用场景，消费级无人机，市场以多旋翼为主，其结构简单，成本低，且能垂直升降，活动方便，因而在民用领域应用非常广泛。其主要应用的领域见表 3.3。

表 3.3 无人机应用领域

应用场景		简要描述
安全监控	自然灾害监控	森林防火、防汛防旱，快速、及时、准确地收集信息，为决策提供科学依据
	防盗	监控输油管道和钻塔等
	安检、反恐	辅助执法人员追踪犯罪分子，监控跨境走私，在辐射下查找
	快速搜救	利用红外传感器辅助灭火，或到废墟、雪崩等危急环境进行搜救
航拍	新闻	更快、更安全、更全面地报道突发新闻、灾难、战区状况
	摄影、电影	能捕捉不一样的视角和画面
	极限运动拍摄	多角度、全方位进行拍摄
物流	快递	短途运送快递
	偏远地区物资投送	由于交通问题，采用无人机作为偏远地区的医疗、食物等物资的投送
行业应用	三维测绘	通过无人机实现针对某些地区地理信息的三维采集、拍摄、勘察
	现代化农业	收集粮食产量的实时情况
	科研/保护	计算某一地区的动物数量、物种移动、环境研究等
	授粉	通过蜜蜂大小的无人机对花粉进行授粉
临近空间应用	偏远地区互联网接入	在平流层通过太阳能提供动力，实现互联网接入等作用，替代卫星

结合无人机在不同领域的应用特性，电机型号的选择肯定是不同的。如在无人机快递派送领域，由于需要运送较大负载（快递），对电机的升力要求高，但对无人机的灵活性并无高要求，因此在此应用场景下，大功率、低 KV 值电机是首选。针对航拍无人机应用，要选用低 KV 值电机配大桨，可产生转速低、效率高的优势，同样低转速电机的震动也小，对航拍来说这些都是极为有利的。

针对多旋翼无人机的电机选型步骤如下：

（1）确定无人机总重量（包含可能的负载），通过组件质量估计总重量；

（2）确定无人机机架尺寸，并据此确定螺旋桨最大尺寸；

（3）根据应用特性，确定 KV 值，KV 值越大扭力越小，升力越大；

（4）根据电机力效表，若电机效率为 7 g/W 左右，选择能够产生大于 2.5 倍无人机总重量的拉力的电机螺旋桨组合。

紧接着，我们就电机的选购的核心要点进行简单讲解：

（1）电机 KV 值：高 KV 值配小桨，低 KV 值配大桨。

KV 值越高，同电压下转速越高，扭力越低，只能带小桨；KV 值越低，同电压下转速越低，扭力越大，可带更大的桨。值得注意的是 KV 值越低，效率就越高，对无人机的续航越有利。

（2）电机最大动力大于整机重量的 2.5 倍。

　　由于电机动力不只需要将无人机抬升，还需要用部分动力使无人机能完成前进后退、翻滚俯仰的动作，以及需要抗风进行自稳定等，所以我们需要预留 3/5 的动力，也就是说，整机重量不要超过最大拉力的 2/5。

　　（3）电机型号：粗定子，升力大。

　　根据我们已知的命名规则，我们从型号上可以读出定子的尺寸，如 2212，前面两个数字是表示定子直径为 22 mm，后面两个数字表示定子厚度为 12 mm。一般来说，定子越大，升力越大，效率越高，当然价格也越贵。

　　（4）电机效率：工作电流 3 ~ 5 A，电机效率高。

　　将电机效率保持在合适范围内，能够保障无人机的续航能力。这个范围需要由电机的力效表来确定，但大多数电机在 3 ~ 5 A 的电流下效率是最高的。

　　（5）大直径、小长度的电机散热更快。

　　在电流、功率等参数相同的情况下，大直径、小长度的电机往往比小直径、大长度的电机具备更好的散热能力。同时，电机直径的增大会使其产生的扭矩变大，有助于提高驱动效率，但启动速度和加速性能会稍降。

3.1.8　无刷电机工作原理

　　无刷电机之所以转动，其本质是通电导线在磁场中受到力的作用。这里所说的磁场通常由永磁体（磁钢）来产生。而通电导线通常被绕成线圈，线圈圈数越多其受到磁场作用越强。电调根据控制信号输出一定频率和波形的电流，这样就可以在电枢周围形成以电机为中心的旋转磁场，这个旋转磁场通过磁场间相互作用产生转矩使得外转子旋转，即使电机转动起来。图 3.16 为常用无刷电机电调和电机等效电路图，电调主要是起到逆变器作用，逆变器电路主要是由 VT1 ~ VT6 六个金属－氧化物半导体场效应晶体管（Metal Oxide Semiconductor Field Effect Transistor，简称 MOSFET）和与其反向并联的六个续流二极管 VD1 ~ VD6 构成。无刷电机的每相，均被等效为电阻、电感和反电动势电源串联的电路，其三相绕组采用星型方式连接。

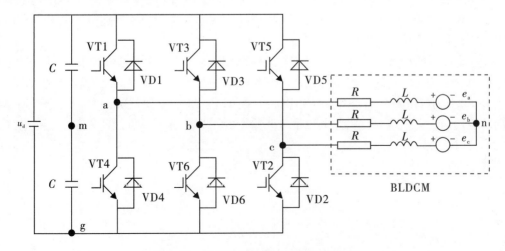

图 3.16　无刷电机电调和电机等效电路

无刷电机控制系统的基本原理就是利用转子位置信息来依次触发六个功率器件中的某几个导通，在线圈绕组中建立旋转的磁场，并使该磁场与转子永磁体磁场成一定角度，以产生电磁转矩，驱动电机旋转。

1. 转动原理

接下来，我们将结合无刷电机结构，分析无刷电机转动过程中的转动原理。图3.17（a）是一个无感无刷直流外转子电机的拆机图，从图可以得知此电机定子有 12 个电枢绕组，转子上有 14 个永磁体。为了方便进一步分析无刷电机的转动，我们结合电机的绕线方式，将电机抽象为图3.17（b）。图3.17（b）的最外圈，灰黑相间排列的是外转子上 N – S 磁对极，A、B、C 为三相电源接入线，蘑菇状为电枢。

 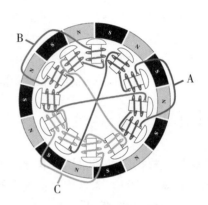

（a）无刷电机实物图　　　　　　　　（b）无刷电机等效绕线结构

图 3.17　无刷电机

首先，图3.17（b）中外转子是由 7 对 N – S 磁对极构成，交替排布在外转子上，内定子上的 12 个电枢绕组依次成 30° 均匀排布在电枢铁芯上，且此电机为三相绕组电机（A，B，C 三相）。当任意两相通电导通时，将有 4 个电枢绕组通以电流，其产生的磁场与永磁体磁场作用产生转动力矩，从而驱动永磁体所在的外转子转动起来。再通过电调有序控制各相导通顺序和方向，即可实现电机的持续转动。其中两相导通方式共有 6 种状态（AB，AC，BC，BA，CA，CB）。

无刷直流电机一般均采用上述"三相绕组两相导通六状态"的导通方式，在一个电周期内检测六个关键转子的位置信号以便对三相绕组进行换相控制。共有六种导通状态，如图 3.18。图中换相顺序是：AB→AC→BC→BA→CA→CB。需要提醒的是，由于每根引出线同时接入两个电枢绕组，因此电流是分两路走的。为了简化问题，只考虑一主路电流。

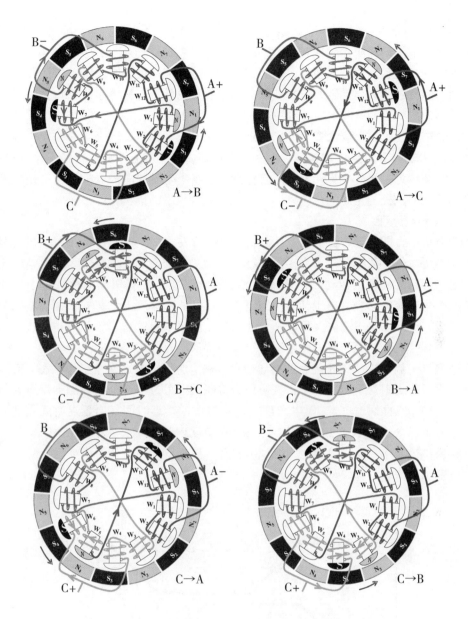

图 3.18　"六状态"下，电枢绕组电流情况

　　接下来，就转子的受力进行分析，以 A→B 通电为例进行说明。如图 3.18 所示，电流从 A + 流入后分两路，主路为下路，电流依次经过 W_2、W_1 线圈绕组后产生磁场，磁场极性如图 3.18 所示，W_2 线圈外侧为 S 极，受到 S_1 的排斥力和 N_2 的吸引力，作用力与反作用力产生逆时针转矩。同理分析 W_1，其受到 S_1 的吸引力和 N_1 的排斥力，同样产生逆时针转矩。读者可以分析一下 W_7 和 W_8 的受力情况，其结果也是产生逆时针转矩，从而在这 4 个受到逆时针转矩的绕组的共同作用下，电机逆时针转动。

　　随着转子位置的改变，上述逆时针转矩将不断减少甚至变为顺时针转矩，此时我们需要导通不同的电枢绕组，即换相操作，保持对转子产生持续逆时针转矩，拉动转子持续逆时针转动。如图 3.18 所示，转子旋转到某个位置后，电调会执行换相，换相为 A→C，分析磁场可知，电机转动所需转矩被 W_{11}，W_{12}，W_5，W_6 四个电枢绕组实现"接力"，接下来就是根据转子位置，不断地换相，不断"接力"，使得电机能够保持一定的转矩，持续转动。估计到此，读者会对转子位置获取、换相的重要性有所体会了，这也是学术界对无位置传感器电机的控制研究的核心和关键——转子位置估算。

我们还需要了解一个概念：电角度。规定一个电周期为 360°电角度，一个电周期包含 6 次换相，一次换相即为 60°电角度。而一个电周期，对于拥有 7 对磁极的无刷电机来说，转过的机械角度为：360°/7 = 51.43°，也就是说，一个电周期内，电机的转动是从一个磁极转到相邻相同磁极的相同的位置。

2. 换相控制原理

无刷电机中，即便没有提供位置信息的传感器存在，但是其转子的位置信息也是电机控制中必不可少的，只不过这个信息不再是由传感器提供，而是通过反电动势检测法获得。反电动势指的是电机转动时，外转子产生的永磁磁场会有切割电枢绕组中导线的动作，从而产生感应电动势，由于其方向与电流相反，故称为反电动势。根据反电动势的不同处理方法，反电动势检测法又可以细分为反电动势过零检测法、锁相环技术法、反电动势逻辑电平积分比较法等，其中反电动势过零检测法是目前应用最广泛的。

无刷电机一般采用"三相绕组两相导通六状态"导通方式，每个工作状态只有两相绕组导通，第三相绕组处于悬空状态，其被用来检测反电势过零点。在检测到反电动势过零点后，根据换相点滞后过零点 30°电角度，设置对应的延迟时间。当延迟时间到达后，电机换相进入下一个工作状态。图 3.19 是一个电周期内反电动势波形和 ABC 三相线电流图，其中横坐标为电角度，黑粗线为线反电动势，黑细线为通电相的线电流。A，B，C 三相的线反电动势为 e_A，e_B，e_C，相电流为 i_a，i_b，i_c。

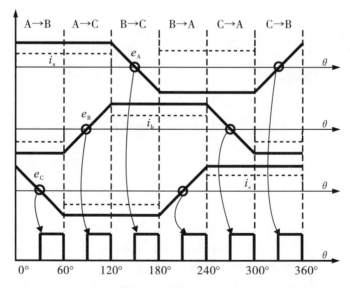

图 3.19 一个电周期内反电动势波形和 ABC 三相线电流图

从图 3. 19 可知，电角度 0° ~ 60°为 A→B 状态，在此期间，A 相电流为正，A 相线反电动势为正，B 相电流为负，B 相线反电动势为负。由于转子转动导致 C 相的线电压在电角度 30°时出现越过零点的现象，零点出现后并不马上换相，而是等电机再转过 30°电角度，即 60°电角度时再进行换相，换相为 A→C。值得注意的是，过 30°电角度的等待时间是通过算法估算出的。电角度 60° ~ 120°期间的线反电动势和相电流，请读者自行读图并推导下一次换相操作。

3. 启动原理

根据电磁感应定律可知，感应电动势大小与其磁通量的变化率正相关，即无刷电机的反电动势幅值和电机的转速成正相关，在电机刚启动或大负载造成转速过低时，反电动势微弱导致检测变得不准确，而无法正常控制电机换相。这就导致应用反电动势检测法的无刷电机，在启动或者低转速运行方面是有困难的。针对启动，此时需要采用三段式启动法，有如下三阶段：

（1）转子预定位阶段。

电机刚通电启动时，无法通过反电动势获得转子位置，此时控制器会连续多次给转子下达预定位指令，第一个指令是导通固定两相绕组，绕组产生的磁势和永磁铁的磁势若没有重合，经过一段时间的磁场作用，终将重合。如果下达第一个指令时，两磁势恰好互成180°，导致电机负载转矩为 0，无法带载。那么控制器将下达第二次预定位指令：先任意导通两相绕组，一段时间后断开其中一相，再转为导通预定位固定的两相绕组，这样就可以使其转到预定位置上。

（2）外同步加速阶段。

预定位结束后，控制器将下达提高电压及电周期频率的指令，电机转速随即提升，进入外同步电机启动阶段。由于需要通过调整电压和电周期频率达到规定的转速，但转速与调整电压和电周期频率没有固定的计算公式，只能通过实验室手段采集同种情况下，电压、电周期频率与转速之间的关系曲线，然后写入控制器，使控制器按照此数据将电机转速提到规定转速，这就完成了外同步加速阶段。

（3）自同步切换阶段。

当实时转速达到设定转速后，就可以通过检测电路和软件计算得到实时线反电动势瞬时值，当线反电动势瞬时值经过零点时，能反映电机转子位置，这样就完成了外同步到自同步的切换，电机启动完成。

3.2　电调

电调，全称电子调速器（Electronic Speed Control，简称 ESC），可分为有刷电调和无刷电调。无刷电机配备无刷电调，有刷电机配备有刷电调。图3. 20（a）是有刷电调，3. 20（b）是无刷电调。

（a）有刷电调 （b）无刷电调

图 3.20 有刷电调和无刷电调

有刷电调，输入端为电源正负极和 MCU 控制信号，输出的是直流电，通过脉冲宽度调制（Pulse Width Modulation，简称 PWM）技术来控制电机的转速。无刷电调输入与有刷电调输入一致，但是无刷电调输出的是三相交流电。

在无刷电机动力系统中，无刷电调和无刷电机是核心部件。电调的主要作用就是驱动电机与调速。因驱动电机所需电流一般都比较大（>3 A），所以需要使用能够在大电流下工作的开关器件，这种能够在大电流、高压条件下工作的晶体管，被称为功率器件。消费级多旋翼飞行器的电调中，多采用 MOSFET 作为功率器件，在飞控的控制下，实现电机驱动和电机换相。具体来说，电调功能如下：

（1）实现直流电向三相交流电的转变，驱动无刷直流电机。

（2）根据飞控 MCU 的控制信号，调制产生 PWM 电机信号，实现调速。

（3）对电机进行速度和电流的闭环调节，使系统具有较好的动态、静态性能。

（4）提供辅助功能，如电机刹车、启动时的过电流导致电机退磁保护，电池欠电压时电池损坏的保护功能。

3.2.1 电调的结构

电调主要包含逆变桥电路、反电动势过零检测电路和其他小电路（如欠压保护）。

电调最核心的功能是驱动电机和调速，靠电调的逆变桥电路来实现，其主要由 6 个 MOSFET 和一些外围电阻、三极管构成，如图 3.21 所示。

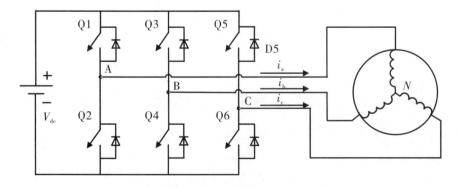

图 3.21 电调和电机等效电路图

Q1 到 Q6 为 MOSFET，当需要 AB 相导通时，只需要打开 Q1，Q4，而使其他管保持截止。此时，电流路径为正极→Q1→绕组 A→绕组 B→Q4→负极。六种相位导通模式：AB，AC，BC，BA，CA，CB 分别对应的 MOSFET 打开顺序为 Q1Q4，Q1Q6，Q3Q6，Q4Q1，Q6Q1，Q6Q3。

电调通过大功率的逆变电路产生三相交流电驱动电机，采用反电动势过零检测法的换相操作，需要反电动势过零检测电路支持，其电路图如图 3.22 所示。

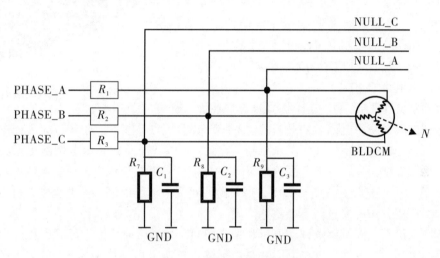

图 3.22　反电动势过零检测电路

图 3.22 中，PHASE_A，PHASE_B，PHASE_C 分别接电机的三根相线，具体是连接到图 3.21 中的 A，B，C 三点，经过一个分压和低通滤波网络后分别为 NULL_A，NULL_B，NULL_C，再连接飞控。N 表示相线中点电压。当 A，B 通电时，悬空的 C 相会有感应电动势，感应电动势被 R_3，R_7 分压，并由 C_1 电容进行滤波，通过 NULL_C 输出到主控，NULL_C 端电压将与 AB 相的中点电压 N 进行作差，判断是否大于零，实现过零检测。同理，其他两两相导通时，第三相的反电动势电压将与中点电压做比较，就可以成功检测出各相的过零事件。

为保障飞行安全，电源电量需要实时监控，而此主要依靠电调中的电压监理电路实现，图 3.23 即是一个电阻分压式电压监理电路，其中 VCC 接电源锂电池的正极，GND 接电源锂电池的负极，U_OUT 接飞控某接口，电容 C 用来消除电源中的一些高频波纹的影响。伴随电池的不断使用，VCC 会下降，相应的 U_OUT 测得的电压也会下降。值得提醒的是，有时此部分电路常内置于飞控中，而非电调中。

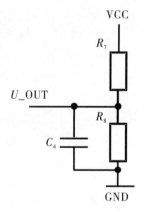

图 3.23　电调中电池电压监理电路

3.2.2　电调参数与选型

接下来，我们了解电调参数。图 3.24 为某品牌无刷电调，其外观上标注了 2 – 3S LIPO，其中 2 – 3S 表示 2~3节电池串联，后面的 LIPO（Lithium-Polymer Battery）表示此电池是锂聚合物电池。BEC 3A@5V 表示该电调有 5 V 电源输出，可提供最大驱动电流为 3A，这主要是给飞控 MCU 和遥控接收机供电，但是实际中一般不用。BRUSHLESS ESC 表示此电调为无刷电调。同样电调上标注了最大供电电流为 40 A。

图 3.24　某品牌无刷电调

参数的意义在于告诉使用者电调的各种性能，提醒使用者合理选购和使用电调。如电调的"2 – 3S LIPO"参数表示，若超过 3 节锂电池串联使用，很可能会使电调不能正常工作，甚至烧毁。"40 A"参数表示电调能提供的最大供电电流。为了安全起见，通常需要盈余30%的电流，也就是说该电调可负载的电机电流不要超过 28 A。为了充分发挥电机效率，通常购买稍大电流的电调，大电流电调可以兼容小电流电调的使用，小电流电调不能超标使用。

大多数情况下，同类型电调在电压和功率相同时是可以通用的。但无人机应用中也要注意电机与电调的兼容性，其检测方法是：拆除螺旋桨，启动增稳模式，油门推至50%，大角度晃动机身，大范围变化油门量，使飞控输出动力。仔细聆听电机转动的声音，并测量电机温度。测试需要逐渐增加时间，若电机温度正常，则从开始测试30~60 s 递增。上述方法可以在一定程度上排除兼容性问题。

3.2.3　电调控制

多旋翼飞行器的控制，指的是飞行器能够根据指令实现相应飞行动作。飞行指令是通过读取遥控器的摇杆状态和按钮状态来获得的。具体状态的获取是通过模数转化读取摇杆的电位状态，并转化为摇杆的位置信息，再通过油门曲线转化为油门量。最基础的控制指令有上下、左右、前后、旋转 4 种，也就是至少有 4 种通道的控制信号。而这些控制指令是通过无线传输电路发射出去的。在飞行器上，接收器将各通道控制信息转化为特定格式的信号，这些信号格式有 PWM，PPM（Pulse Position Modulation，即脉冲位置调制），S – BUS（Serial Bus，即串行总线）等。在实际生产中，最为常用的手段是将控制信号以 PPM 格式，各控制通道独立的方式，接到飞控的各个 IO 口。经过飞控的闭环控制环路，输出控制各电调的 PWM 信号，电调接收到 PWM 信号后经过闭环控制环路输出对应的控制电机转动的 PWM 信号。接下来，将讲解电调控制中两个重要概念：PPM 格式和油门曲线。

1. PPM 格式

PPM，即脉冲位置调制，调整脉冲上升沿之间的时间长度。PPM 信号是将多路 PWM 信号压缩到一个通道进行传输，图 3.25 是多旋翼飞行器接收器接收到的一帧 PPM 信号。

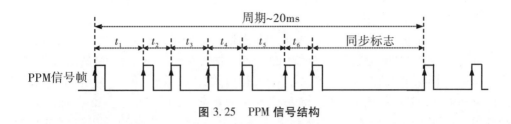

图 3.25　PPM 信号结构

PPM 信号是以帧为单位，一帧的时间长度固定为 20 ms，理论上每一帧 PPM 信号可以包含 10 个通道的控制信号，但由于需要一个同步标志通道，实际最多包含 9 个通道，图 3.25 就只含有 6 个通道。每个通道的大小在 1 000 ~ 2 000 μs 范围，每个通道的大小可以不相同，其中高电平是固定在 500 μs，低电平在 500 ~ 1 500 μs。同步标志出现的具体判断是，当一个通道持续时间超过 2 ms 时，即可认定为同步标志。在图 3.25 中，第一个脉冲上升沿到第二个脉冲上升沿之间的时间间隔为 t_1，表示第一个通道的控制量的大小为 t_1，同理，6 个通道的控制量大小分别为 t_1 ~ t_6。实际中各通道信号有上下、左右、前后、旋转等指令，值得注意的是这些信号本来应该是独立通道的信号，但由于无线传输的单通道信号的限制，多通道信号被整合成 PPM 信号进行传输。在接收器端，首先要对 PPM 信号进行解码操作，图 3.26 是对一帧 PPM 信号进行解码。

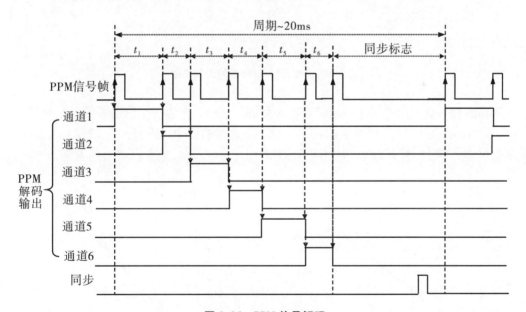

图 3.26　PPM 信号解码

PPM 被解码还原成各独立通道的 PWM 信号后，传输给飞控，经过 PID 闭环控制输出控制各电机的 PWM 信号。注意这两个 PWM 信号是不一样的，前面 PWM 信号是指令信息，如左偏航 30°，该指令的 PWM 信号给到飞控后，飞控将其输入 PID 闭环控制，并输出各个电机的 PWM 控制信号，实现左偏航 30°。而 PWM 电机控制信号，是通过改变驱动电机电压的脉冲宽度，实现电机通电的有效电压值的变化，达到电机速度的改变。

2. 油门曲线

油门曲线指的是油门量与推杆位置的关系曲线。油门量最终对应的是电机转速，0%表示电机转速为0，100%表示电机满转的转速。摇杆位置从最底端到最高端表示为从0%~100%。不同的油门曲线对应着不同的飞行模式，我们以图3.27为例。图3.27（a）中油门量和推杆量是一种线性关系，摇杆位置变化量等于油门变化量，也就是说整个过程的控制相当一致。图3.27（b）是一条非线性曲线，飞行器悬停时，40%的油门量对应50%的推杆位置。在阴影部分油门曲线的斜率小，可以获得更加细腻的悬停控制，而在曲线上下端，曲线斜率大，表示其能够更加暴力地控制飞行器的加减速。

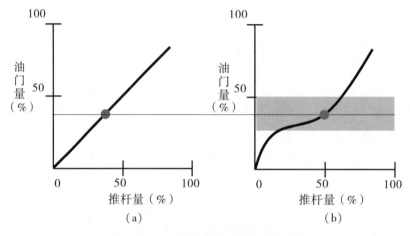

图 3.27 油门量与推杆量的关系曲线

遥控器摇杆位置信号经过油门曲线转化为油门量后，作为一个通道的信息调制到PPM信号进行无线传输，根据PPM调制协议，该通道信号的脉冲间隔时长为1~2 ms。图3.28是某电机的PPM信号与转速、油门的关系曲线。

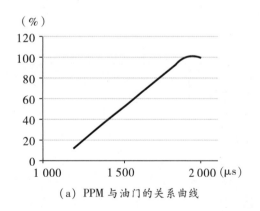

（a）PPM 与油门的关系曲线

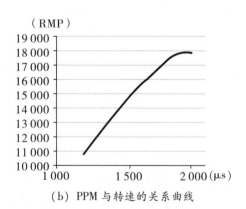

（b）PPM 与转速的关系曲线

图 3.28 PPM 信号与转速、油门的关系曲线

从图 3.28（a）可以看到，油门量在 10% 时对应的 PPM 信号为 1 200 μs，而油门量到 100% 时对应的 PPM 信号为 1 900 μs。由于油门量与转速的关系基本是线性的，所以 PPM 与转速的关系基本也为线性。1 200 μs 的 PPM 信号对应的转速约 10 800 RMP，在 1 900 μs 对应最大转速 17 800 RMP。

3.3　电池

对于多旋翼飞行器来说动力电池通常采用锂芯电池，也就是我们日常所说的锂电池，用 LiPo 表示，每节锂电池的电压通常为 3.3~4.2 V，也就是说每一节锂电池的空电电压为 3.3 V，满电电压为 4.2 V。锂电池的放电特性要比普通镍氢电池或镍锂电池好，所以广受无人机爱好者的喜爱。

3.3.1　电池特性参数

要了解动力电池的特性，我们首先需要了解电池的相关参数信息，图 3.29 为某无人机电池实物图。

电池容量。该电池容量额定值为 4 500 mAh，表明在 22.2 V 电压下，该电池如果以 4 500 mA 的电流进行充电，理论上需要 1 h 才能够全部充满，容量大小将直接影响无人机的续航能力。

图 3.29　某无人机电池实物图

放电倍率。表示该电池相对于电池容量的最大可放电速率。如该电池的放电倍率为 10 C，意味着该电池最大允许的放电电流为 10×4 500 mA ＝45 A。超额使用电池极易损坏电池。较高放电倍率的电池组一般具有较低的内阻。如果对放电电流有较高的需求，就要注意购买更高容量及更高放电倍率的电池组。

电池节数。该电池标识为 6S，表示该电池组由 6 节锂电池串联组成。因为每节电池的标称电压为 3.7 V，所以该电池组的电压为 6×3.7 V ＝22.2 V。

在实际使用中，电池的放电不是固定倍率的，主要取决于电调和电机的功率，也就是负载的电流消耗。影响电池容量的因素如下：

（1）电池的放电电流：电流越大，电源内损耗越多，输出的容量越少；

（2）电池的放电温度：温度降低，电源内阻变大，内损变多，输出容量减少；

（3）电池的放电截止电压：由电池本身特性决定，一般为 3.5 V 或 3.2 V；

（4）电池的充放电次数：电池材料在充放电中变性，放电容量就会相应减少。

3.3.2　电池充放电特性

锂电池的充放电过程为锂离子在正负极移动的过程，其中化学反应所需电解液会随循环充放电、高温而老化（内阻增大），从而影响电池性能，这也是锂电池具有使用寿命的原因。且用户的充放电使用习惯及电池使用的环境温度等因素会很大程度影响电池寿命。接下来，我们讲解一些电池充放电特性方面的知识，帮助大家认识电池，更好使用电池。

IEC 规定锂电池标准循环寿命测试为：电池由 0.2 C 放电至 3.0 V 之后，1 C 恒流恒压充电到 4.2 V，截止电流 20 mA，搁置 1 小时后，再以 0.2C 放电至 3.0 V（一个循环），反复循环 500 次后，容量应在初容量的 60% 以上。由于无人机锂电池实际使用情况与测试条件有较大差别，因此电池的寿命很大程度受到使用环境的影响。主要的影响因素为充放电截止电压和充放电电流大小。图 3.30 为不同充电截止电压、放电速率下，电池容量变化曲线。从图 3.30（a）我们可以看到越低的充电截止电压，随着循环次数变大，电池容量的下降越缓慢，寿命越长。同样，从图 3.30（b）可以看出放电电流越大，随着循环次数增大，容量下降越快，寿命越短。

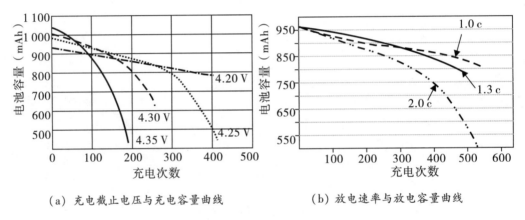

（a）充电截止电压与充电容量曲线　　　　　（b）放电速率与放电容量曲线

图 3.30　电池特性曲线

一般来说，减小充放电电流，降低充电截止电压，提高放电截止电压都将延长锂电池的使用寿命，减低由于电池消耗而带来的成本问题。

锂电池的放电曲线是涉及无人机动力安全的重要参考。所谓的放电曲线，指的是锂电池电压随电池电量减小而不断下降的曲线。图 3.31 是典型单节锂电池在不同放电倍率下的放电曲线。在 0.2 C 放电速度下，电池电压随着放电量的增大而缓慢下降，当放电到 3.65 V 附近时（已放电 80%），电压快速下降到 3.0 V，停止放电。需要注意的是在放电速度变大后，电池的放电量将明显低于电池容量，如在 2.0 C 放电电流下，电池从 3.8 V 到 3.0 V 放出的电量只有 1 800 mAh，占电池容量的 90%，表明并未充分利用电池容量。

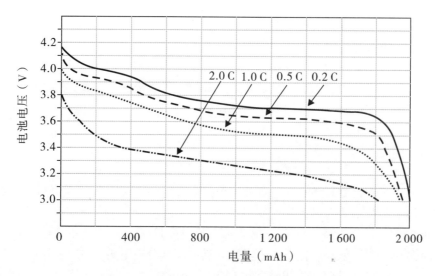

图 3.31 2 000mAh 锂离子电池的典型放电曲线

在实际应用中，常通过监控锂电池两端电压来估算电池剩余电量，电源电压值常被作为无人机电池管理操作等方面（低电报警）的重点参考值。但由于放电曲线会随着充放电循环次数、环境温度等而变化，即电池电压与剩余电量无固定对应关系，这个需要对电池的低电压管理有一定的冗余设计，保障无人机飞行安全。

3.3.3 电池选型

电池作为无人机重要的组成部分，其对无人机飞行时间和性能也是有重大影响的。其实在选择电池时，我们不仅要考虑电池重量和容量是否与机型适配，还需要考虑电调、电机与电池的电压、电流、放电倍率是否满足安全且高效飞行的要求，另外，还需要根据无人机使用情况，对不同应用有不一样的选择侧重点。若无人机用于专业工作，续航问题应该是主要考虑，应选择续航时间长、容量大，放电电流无须太大，放电倍率、电压、电流满足要求而且质量好的电池；针对竞技娱乐性的无人机，其飞行的运动性能是需要重点考虑的，而续航问题就显得不那么重要，重点是飞行爆发力，这时需要选择一个高放电倍率的电池来满足电机对大电流的需求，注意不要超过电调允许的最大电流。

接下来，将结合锂电池的一些基本概念，简单介绍电池的选型需重点关注的参数。

（1）电池尺寸。如果是做无人机设计，那么电池尺寸可以最后来考虑，但是如果你是给正在使用的无人机挑选合适的替换电池，那么电池尺寸是第一个要考虑的，以判断其是否匹配无人机的电池柜。

（2）电池容量。电池容量是影响无人机飞行时间的重要指标。一般来说，容量越大的电池，其飞行时间越长。但是，首先应确保电池重量在无人机的最大起飞重量范围内。

（3）电池放电倍率。电池放电倍率主要指的是电池允许的最大放电电流。在竞技飞行中，对飞机的爆发力要求很高，这就要求电池能够在短时间提供大电流，能提供的最大电流大小直接决定电池的放电倍率有多高，但是放电倍率太高也可能由于短时间电流过大而损坏电机。对于普通飞行，放电倍率满足安全高效飞行即可，通常高放电倍率的电池重量会较重，最终影响飞行时间。

（4）电池电压。使用更高额定电压的电池，能够提高电机输出功率，但高电压的电池也会带来重量和成本的问题，这个可以通过电机的力效表来做出权衡。需注意的是：电池额定电压一定要匹配电调、电机的额定电压要求。

3.3.4　电池保养

电池是无人机动力的最终来源，是无人机正常飞行的关键因素，为保障电池的长效使用，需要了解一些基本的锂电池保养知识：

（1）不过充：使用专用充电器充电，不要长时间通电，防止由于充电器没有满电断电，而出现过充，损坏电池。锂电池不需要充满电，部分充电更好。

（2）不过放：放电曲线表明电池放电到 3.7～3.9 V 附近，电压下降速度加快，轻则容易损坏电池，重则电压太低造成飞行器失速失控。充分利用电池报警器，尽可能不要过度使用。

（3）合适温度：充电和使用环境的温度建议为 10 ℃～40 ℃，如需在高低温环境使用，注意给电池做好温度控制。过高或过低温度对锂电池都有损害。

（4）不满电保存：无人机通常会有几块备用电池，电池满电且长时间不用会导致鼓包等现象，最好是保持 60% 电量进行长时间保存，但是也不能让电池电量自然耗尽，注意定期检查电池电量。

（5）不要损坏外皮：外皮是防止电池爆炸和漏液起火的重要结构，锂电池的铝塑外皮破损将会直接导致电池起火或爆炸，无人机电池要保护好其外皮。

第4章　无人机感知部件

无人机需要感知飞行状态，如位置、姿态等，这需要一系列的传感器。传感器将获取到的飞行状态反馈给飞行控制系统，从而更好地控制飞行状态。随着物联网技术的发展，无人机对物联网技术，尤其是传感技术的运用不断增加，使得无人机成为一个会飞的传感器系统。

4.1　无人机感知系统

无人机感知系统主要有两个用途，一是将信息提供给飞行控制系统，由于飞行控制系统的主要功能是控制飞机达到期望姿态和空间位置，所以这部分的感知技术主要测量飞机运动状态相关的物理量，涉及的模块包括姿态感知模块、高度感知模块、位置感知模块（如光流模块，以 GPS、北斗等为代表的 GNSS 模块）等。二是将信息提供给自主导航系统，也就是路径和避障规划系统，主要是感知周围环境状态，比如障碍物的位置，相关的模块包括测距模块以及物体检测、追踪模块等。

图 4.1 为无人机感知系统示意图，其中包括了传动传感器，IMU 姿态传感器，光流、GPS、视觉等传感器模块。

图 4.1　OBP8005B 无人机感知系统

4.2 姿态感知模块

姿态是无人机非常重要的飞行参数，包括了无人机的航向，加减速状态，翻滚、俯仰的情况，这就需要有对应的传感器来实现。对于加减速状态，可以使用加速度传感器获得，而翻滚、俯仰、旋转的状态则可以通过陀螺仪获得，对于无人机的航向，可以采用磁力计来获取。

4.2.1 加速度计

加速度计是用于检测物体加速度的传感器。加速度状态对无人机飞行十分重要，我们可以根据加速度信息调整无人机的姿态。

我们可以把加速度计想象成有一个圆球在一个方盒子中，如图 4.2 所示。假定这个盒子不在重力场中或者其他任何会影响球的位置的场中，球处于盒子的正中央。

我们给每个轴分配了两面墙，并移除了 $Y+$ 以此来观察里面的情况。假设每面墙都能感测压力。如果突然把盒子向左移动（加速度为 $1\,g \approx 9.8\,\mathrm{m/s^2}$），那么球会撞上 $X-$ 墙。然后我们检测球撞击墙面产生的压力，X 轴输出值为 $-1\,g$（假设球的质量为 $1\,\mathrm{kg}$）。请注意加速度计检测到的力是 $X-$ 墙上受到的压力，其方向与小球的加速度方向是相反的。这个力可以通过弹簧等装置测量。

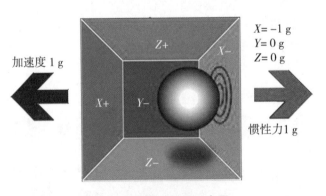

图 4.2　加速度计原理示意图

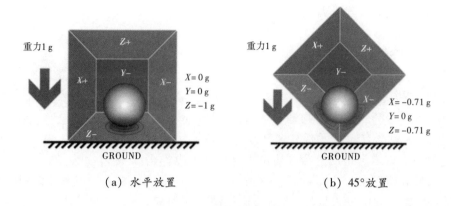

（a）水平放置　　　　　　　　（b）45°放置

图 4.3　静止 / 匀速运动状态下的受力情况

从上述加速度计的原理分析可知，加速度计测得的物理量是力，而根据牛顿第二定律，力与加速度成正比，因此可通过力得到加速度的值。当然这种力不一定是加速度引起的。如果我们把模型水平放在地球上，即使在静止状态下（加速度为 0），球也会由于重力的作用对 Z− 墙面施加一个 1g 的压力，如图 4.3（a）。在这种情况下盒子没有移动但我们仍然读取到 Z 轴有 -1 g 的力，此时球在墙壁上施加的压力是由重力造成的，因此加速度计最终的输出值是运动加速度和重力加速度的叠加。对于更一般的情况，小球会对多个面施加力的作用，图 4.3（b）给出了 45°放置时的情况。

由于加速度计的墙壁与小球总是正相切，因此，各墙壁对小球的作用力总是与表面垂直，且通过球心（坐标原点）。对于更一般的情况，假设盒子的角度是随意的，小球受到的合力为 F，那么根据图 4.4 的受力分析，F 在三个坐标轴上的分力可由下式得到：

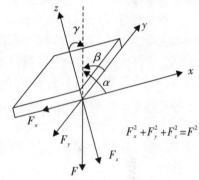

$$F_x^2 + F_y^2 + F_z^2 = F^2$$

图 4.4　一般状态下的受力分析

$$F_x = |F| \cos \alpha$$
$$F_y = |F| \cos \beta$$
$$F_z = |F| \cos \gamma \qquad (4.1)$$
$$\cos^2 \alpha + \cos^2 \beta + \cos^2 \gamma = 1$$

其中，α，β，γ 是合力方向与 x，y，z 三轴的夹角。以上四个方程联立，再结合牛顿第二定律，可得：

$$F_x^2 + F_y^2 + F_z^2 = |F|^2$$
$$F = ma \qquad (4.2)$$

由此可见，在任意情况下，只要测得 F_x，F_y，F_z，即可求得 a（含重力加速度），同时也可以求得加速度与各轴的夹角。在无人机做匀速运动或者悬停的时候，a 就是重力加速度，我们可以借此得到无人机的姿态信息。

4.2.2 陀螺仪

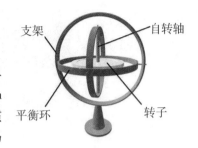

图 4.5 力学陀螺仪基本结构

陀螺仪是用来测量物体转动状态的传感器，得名于早期的陀螺结构。1852 年法国物理学家 Jean Bernard Léon Foucault 在研究地球自转时发现高速转动中的转子由于惯性作用，其旋转轴永远指向一个固定的方向。随着电动马达的演进使得陀螺仪可以无限旋转，进而诞生了第一组航向指示器的原型。力学陀螺仪的基本结构如图 4.5 所示，由自转轴、转子、平衡环及支架组成。由于转子高速旋转能获得较大的角动量，因而在陀螺仪旋转状态受到改变时，自转轴的角度保持不变，而两个平衡环与自转轴出现角度变化，进而获得旋转信息。陀螺仪装置是在航空和航海中获取航行姿态及速率最方便的参考设备。

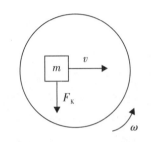

图 4.6 MEMS 陀螺仪原理示意图

目前最常用的电子陀螺仪（微机电系统，Micro-Electro-Mechanical System，简称 MEMS）与传统的陀螺仪原理不同，主要采用科氏力测量角速度。科氏力 F_K（即科里奥利力）是对旋转体系中进行直线运动的质点由于惯性相对于旋转体系产生的直线运动的偏移的一种描述。科氏力来自物体运动所具有的惯性，在生活中非常常见，如北半球的水涡和台风总是逆时针旋转的，长江南岸比北岸侵蚀得更为严重等，均是由于地球的自转使其成为一个大的旋转体系，因此体系中的物体会受到科氏力的作用。

科氏力的原理如图 4.6 所示。一个质量为 m 的质量块在一个角速度为 ω 的平面上相对于平面做速度为 v 的直线运动，它会受到一个惯性力 F_K，即科氏力。计算公式如下。

$$F_K = 2mv \times \omega \tag{4.3}$$

从公式可看出，科氏力的方向为 $v \times \omega$ 的方向，其中 ω 的方向由右手螺旋定则来判断。可以想象，如果平面没有做旋转运动，而质量块水平向右运动，那么它会沿着向右的方向做直线运动；但如果平面按逆时针方向转动，质量块的运动方向依然向右，则会产生一个向下的科氏力，这个力会让质量块产生一个向下的运动速度，此时如果有一个人站在旋转平面上并和该平面保持相对静止，他会看到质量块运动方向发生偏离，不是水平向右，而是向右下方运动，旋转的角速度越大，向右下方偏转得越厉害。陀螺仪即是根据这一现象来测量角速度的。

在陀螺仪的设计中，由于质量块运动范围有限，会让质量块做振荡式的来回运动（通过施加交替改变的电压实现）。当陀螺仪发生旋转时，质量块的运动轨迹发生偏离，从而拾取到与旋转相关的信号。由于质量块质量 m 和速度 v 是已知的，只需要通过弹簧装置测得 F_K 就可以根据式（4.3）获得瞬时旋转角速度 ω 的值。更进一步，对这个角速度积分，可以得到旋转的角度（即偏航角、俯仰角和横滚角）。

但是，质量块在做振荡的时候，其来回运动的加速度会有一个水平方向的加速度，这样的加速度对于测量角速度是一种干扰，在实际的设计中往往会设置运动速率相等、大小相反的两个质量块，这样可以把水平加速度抵消掉，就形成了一个最简单的单轴陀螺仪，如图 4.7 所示。

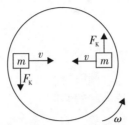

图 4.7　单轴 MEMS 偏航陀螺仪示意图

单轴陀螺仪只关注一个方向的旋转，适合用于汽车。在无人机上，我们关心的不仅仅是偏航角，还需要关心俯仰角和横滚角。在实际设计中，陀螺仪也常常是三个一起设计，对应于横滚、俯仰和偏航。这只需要在单轴陀螺仪的基础上再添加一对垂直运动的质量块即可，这四个质量块就能够同时提供横滚、俯仰和偏航的信息。

获得了瞬时角速度后，角速度乘以时间，就是转过的角度。把每次计算出的角度做累加就会得到当前所在位置的角度，如图 4.8 所示。

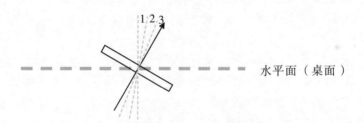

图 4.8　陀螺仪角度测量

假设最初陀螺仪是与桌面平行的，每隔一段时间 t（ms）读一次陀螺仪的角速度，当读了 3 次角速度（分别是 ω_1，ω_2，ω_3）以后 z 轴转到上图的位置，则在这段时间中转过的角度为 a：

$$\angle a = \angle 1 + \angle 2 + \angle 3 = \frac{1}{1\,000}\left(\omega_1 t_1 + \omega_2 t_2 + \omega_3 t_3\right)$$

假设第 i 次读出的陀螺仪角速率为 ω_i，那么，经过 n 次读数后，总角度为：

$$\angle a = \frac{1}{1\,000}\sum_{i=1}^{n}\omega_i t_i \tag{4.4}$$

式（4.4）中的 $\frac{1}{1\,000}$ 是由于计时单位是毫秒而做的一个修正。求和过程实际上是一个数值积分的过程，将连续的积分转换为离散数据的求和。由于陀螺仪的测量值本身存在误差，而离散化的计算方法也会引入一定的误差，因此经过较长时间的积分后，误差就会越积累越大，最终导致计算出的角度与实际角度相差很大。在实际应用中，通常不会单独使用陀螺仪来测量角度，而是会采用数据融合的方法，将陀螺仪积分得到的角度和加速度计测得的角度进行融合，使计算出的角度更准确。

4.2.3 磁力计

磁力计也叫磁阻传感器，是用来检测磁场的传感器。无人机通过加速度计可以获取加速度信息，通过陀螺仪可以知道自身转动的俯仰角、横滚角和偏航角，看起来似乎已经不需要其他的传感器就可以知道无人机的姿态了。但是通过陀螺仪获取的数据需要经过积分才能获得角度，而经过长时间的积分会累积误差，因此，我们需要一个更为直接的关于姿态的传感器来确定无人机在飞行时的航向，这就需要用到电子罗盘，即需要一个检测磁场的三轴磁力计。

1. 地磁场和航向角的背景知识

如图 4.9 所示，地球的磁场像一个条形磁体由磁南极指向磁北极。在磁极点处的磁场和当地的水平面垂直，在赤道的磁场和当地的水平面平行，因此在北半球磁场方向倾斜指向地面。衡量磁感应强度大小的单位是 Tesla 或者 Gauss（1 Tesla = 10 000 Gauss）。随着地理位置的不同，通常地磁场的强度为 0.4 ~ 0.6 Gauss。磁北极和地理南极并不重合，通常它们之间有 11.5°左右的夹角。

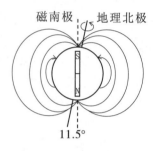

图 4.9 地磁场分布图

磁场是一个矢量，对于任何一个固定的地点，这个矢量可以被分解为两个与当地水平面平行的分量（X 和 Y 方向）和一个与当地水平面垂直的分量（Z 方向）。如果保持电子罗盘和当地的水平面平行，那么罗盘中磁力计的三个轴定义如下：X 为罗盘前方的方向，Y 为罗盘右边的方向，Z 为垂直向下的方向。磁力计测得的量是地磁场在这三个轴上的分量 H_X、H_Y 和 H_Z，如图 4.10 所示。

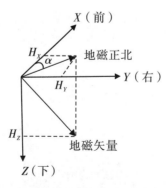

图 4.10 地磁场矢量分解示意图（α 是航向角）

　　由于水平方向的两个分量的矢量和总是指向磁北极，罗盘中的偏航角 α（Azimuth）就是当前方向（图中的 X 轴）和磁北极的夹角。只需要检测出磁力计水平方向两轴的数据就可以计算出偏航角。无人机偏航角在 $0° \sim 360°$ 之间变化。

2. 磁力计工作原理

　　磁力计一般采用磁阻效应来检测磁场大小，如使用各向异性磁阻（Anisotropic Magneto-Resistance，简称 AMR）材料来检测空间中磁感应强度的大小。AMR 材料是具有晶体结构的合金材料，对外界的磁场十分敏感，磁场的强弱变化会导致 AMR 自身阻值发生变化。

　　一般情况下 AMR 材料的磁畴方向是杂乱无章的，因此实际使用中首先需要通过退火等方式将 AMR 材料在某一方向上磁化，建立起一个主磁域，与主磁域垂直的轴被称为该 AMR 材料的敏感轴。为了使测量结果以线性的方式变化，AMR 材料上的金属导线呈 45°角倾斜排列，电流从这些导线上流过。由初始的强磁场在 AMR 材料上建立起来的主磁域和电流的方向有 45°的夹角。

　　当有外界磁场时，AMR 材料上主磁域方向就会发生变化而不再是初始的方向了，那么磁场方向和电流的夹角 θ 也会发生变化，如图 4.11 所示。对于 AMR 材料来说，θ 的变化会引起 AMR 材料自身阻值的变化，并且在一定范围内成线性关系，如图 4.12 所示。

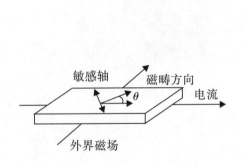

图 4.11　磁场方向和电流方向的夹角

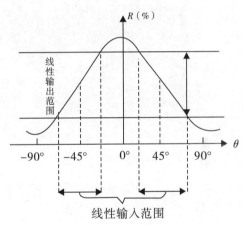

图 4.12　$\theta - R$ 特性曲线

　　为了检测磁场，可以使用 AMR 材料制作成的电阻搭成一个惠斯通电桥，通过测量输出电压的变化，计算出电桥中的电阻器阻值的改变，最终获得磁场的大小。如图 4.13 所示，R_1，R_2，R_3，R_4 是初始状态相同的 AMR 电阻，但是 R_1，R_2 和 R_3，R_4 具有相反的磁化特性。当检测到外界磁场的时候，R_1，R_2 阻值增加 ΔR，而 R_3，R_4 阻值减少 ΔR。这样在没有外界磁场的情况下，电桥的输出电压为零；而在有外界磁场时，电桥的输出为一个微小的电压 ΔV。

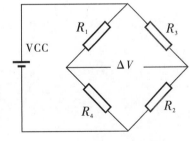

图 4.13　惠斯通电桥

当 $R_1 = R_2 = R_3 = R_4 = R$，在外界磁场的作用下电桥各臂的电阻变化 ΔR 时，输出电压 ΔV 正比于 ΔR，而 ΔR 又与外界磁场大小成正比，因此电桥的输出正比于磁场的大小。再通过 $\theta - R$ 特性曲线就可以得到磁场方向，这就是磁力计的工作原理。

事实上，上述传感器往往不是单一设计的。20 世纪 30 年代初期，第一批惯性传感器是由 Robert Goddard 和 Wernher von Braun 等火箭设计师开发与测试的。后来，惯性传感器技术由 Drapers Labs 等机构完善，并创建了第一个惯性导航系统。惯性导航系统中不可或缺的传感器是加速度计、陀螺仪和磁力计。随着微机电系统技术的发展，出现了集成加速度计、陀螺仪的 6 轴 IMU，如常用的 MPU 6050。随后，厂商们进一步把三轴磁力计也集中在 IMU 芯片中，构成了 9 轴 IMU，如 MPU 9255，见图 4.14。

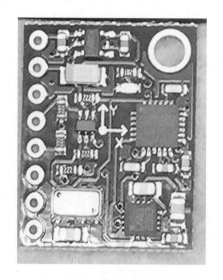 

（a）MPU 6050（6 轴 IMU）　　　（b）MPU 9255（9 轴 IMU）

图 4.14　常见的 IMU 模块

4.3　高度感知模块

姿态传感器只能获得无人机的角度、方向和加速度这些姿态信息，作为一个飞行器，必须时刻知道当前的飞行高度，这就要求无人机配备高度感知模块。高度感知模块一般使用气压计或者测距类传感器。

4.3.1　气压计

气压计是检测大气压力的传感器。气压计测高就是利用了大气压随高度的增加而减小的原理，通过测量大气压来估计高度。因为大气压分布不是均匀的，而且气压计对气流的影响也很敏感（有风情况测量不准，因此气压计本身有保护装置，尽量减少气流的影响），所以气压计只能得到高度的近似值。在忽略气流造成影响的前提下，气压计的测量高度精度可达到 $\pm 5 \sim 10$cm。气压值(P)可以通过下式转换为海拔高度值(H)。

$$H = 44\,330 \times \left[1 - \left(\frac{P}{P_0} \right)^{\frac{1}{5.256}} \right] \tag{4.5}$$

式（4.5）中，H 为当前海拔高度值，单位为 m。P 为气压计测量的气压值，单位为 Pa。P_0 为基准参考大气压值，设定为标准大气压、标准大气条件下海平面的气压，其值为 101 325 Pa。

常用的气压计有压电式气压计和压阻式气压计，本质上都是压力传感器。气压计的输出为当前时刻的气压值。压电式气压计主要基于压电效应，利用电器元件把气压（压力）转换成电信号，见图 4.15（a）；压阻式气压计使用硅单晶板作为隔膜（压力接收元件），通过在其表面扩散杂质形成电桥，在施加压力的情况下，隔膜产生形变，进而使得电桥上各臂的电阻值发生变化，通过测量输出电压，进而计算出压力（气压），结构见图 4.15（b）。

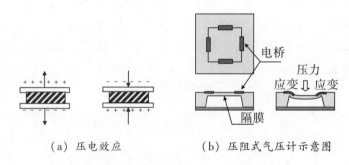

（a）压电效应　　　　（b）压阻式气压计示意图

图 4.15　压电效应与压阻式气压计原理

图 4.16 为一个常用的数字气压传感器模块。

图 4.16　数字气压传感器模块

4.3.2　超声测距传感器

由于超声波指向性强，在介质中传播的距离较远，不同于激光测距，对于被测物体的界面要求较低，因而超声波经常用于距离的测量，如汽车倒车雷达。利用超声波检测往往比较迅速、方便、计算简单，易于做到实时控制，并且在测量精度方面能达到工业实用的要求，因此得到了广泛的应用。

超声波的发生主要利用了逆压电效应，即在两个极板上施加正向和反向电压，压电材料分别会产生拉伸和收缩现象（如图 4.17 所示）。通过给两个极板施加 40 kHz 的方波，使得压电材料产生 40 kHz 的振荡，从而产生超声波；超声波的接收则是利用了上一节介绍的压电效应。

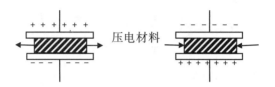

图 4.17　逆压电效应示意图

超声波传感器采用的是反射式检测方式，即超声波发射器向某一方向发射超声波，在发射开始时进行计时，超声波在空气中传播，途中碰到障碍物就立即返回，超声波接收器接收到反射波后就立即停止计时，如图 4.18 所示。超声波同为声波，在空气中的传播速度为 340 m/s，模块检测声波从发射到接收的时间为 T，就可以通过下式计算出发射点与障碍物的距离 S。

$$S = 340 \times T/2 \tag{4.6}$$

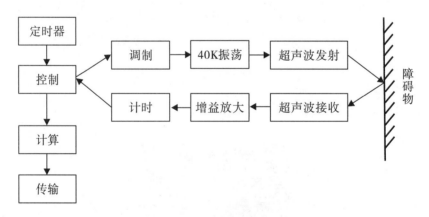

图 4.18　超声测距原理

为了节省空间，目前已有很多超声波测距模块均采用发送与接收一体的超声波探头。

发射模块首先产生 40 kHz 的脉冲，再经过放大电路，最后驱动超声波发射探头发射超声波。发射出去的超声波经障碍物反射回来之后，由超声波接收探头接收信号，通过接收电路的检波放大、积分整形及一系列处理，最后利用声波的传播速度和发射脉冲到接收脉冲的时间间隔计算出与障碍物的距离，如图 4.19 所示。

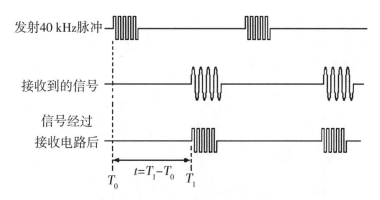

图 4.19　超声波测距模块工作原理

　　一般来说，常见的超声波测距模块是收发分离设计的，在一些场景下，会使用收发一体的超声波测距模块，如图 4.20 所示。

收发分离　　　　　　收发一体　　　　收发一体　　收发一体 4 个探头

图 4.20　常见的超声波测距模块

　　超声波传感器的主要性能指标有如下几个：

　　（1）工作频率：工作频率就是压电晶片的共振频率。当加到晶片两端的交流电压的频率和晶片的共振频率相等时，输出的能量最大，灵敏度也最高。

　　（2）工作温度：由于压电材料的居里点（压电材料的温度达到一定值后，压电效应会自行消失，则称该温度值为材料的居里温度或居里点）一般比较高，而诊断用超声波探头使用功率较小，因此工作温度比较低，可以长时间工作而不失效。医疗用的超声波探头的温度比较高，需要单独的制冷设备。

　　（3）灵敏度：主要取决于制造晶片本身。机电耦合系数越大，灵敏度越高。

4.3.3　ToF 相机

　　ToF（Time of Flight）即飞行时间，基于该技术的传感器的基本原理是通过连续发射光脉冲（一般为不可见光）到被测物体上，然后接收从物体反射回去的光脉冲，通过探测光脉冲的飞行（往返）时间来计算被测物体与相机的距离，ToF 技术在 3D 成像技术中应用广泛。

　　ToF 技术采用主动光探测方式，利用入射光信号与反射光信号的变化来进行距离测量，因此，ToF 的发射器发出的光都是经过高频调制之后再进行发射的。图 4.21 是一个单点 ToF 的基本原理图，由调制模块、解调模块、发射二极管（发射器）、接收二极管

（接收器）和处理器（含模数转换模块）五部分组成，将接收二极管改成阵列（接收镜头），就可以构成一个完整的 ToF 系统。为了保证接收器接收到的光与发射器发射的光在相同波段，一般需要在接收器前方加上一个带通滤光片。

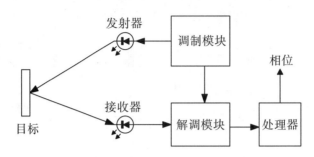

图 4.21　单点 ToF 基本原理图

根据调制方法的不同，ToF 一般可以分为两种：脉冲调制（Pulsed Modulation）和连续波调制（Continuous Wave Modulation）。

脉冲调制 ToF 如图 4.22 所示，入射光持续时间为 t_p，经过时间 t_d 后接收器收到反射光，此时打开快门 1 经过时间 t_p，收集到的光电子数为 S_1，快门 1 关闭的同时打开快门 2，经过时间 t_p，收集到的光电子数为 S_2，则距离 d 可以通过如下公式计算得出：

$$d = \frac{c}{2} \times t_p \times \frac{S_2}{S_1 + S_2} \tag{4.7}$$

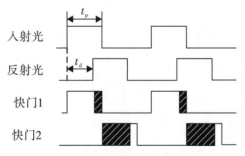

图 4.22　脉冲调制 ToF 示意图

此处 $\frac{1}{2}$ 系数是因为光线从入射到反射经过了两倍的距离。

连续波调制 ToF 的示意图如图 4.23 所示，假设发射的正弦信号 $s(t)$ 的振幅为 a，调制频率为 f；经过一定的时延 t_d，接收到信号为 $r(t)$，衰减后振幅为 A，由于环境光的影响，其强度偏移为 B；4 个采样时间的间隔相等，均为 $T/4$。根据采样时间，列出 4 个方程组。

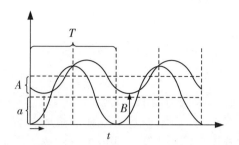

图 4.23　连续波调制 ToF 示意图

$$s(t) = a \times (1 + \sin(2\pi ft))$$

$$r(t) = A \times (1 + \sin(2\pi f(t - \Delta t))) + B$$

$$= A \times (1 + \sin(2\pi ft - \Delta\varphi)) + B$$

$$t_0 = 0, \quad t_1 = \frac{1}{4}T, \quad t_2 = \frac{2}{4}T, \quad t_3 = \frac{3}{4}T$$

$$r_i = r(t_i) = A \times \sin(2\pi f(t_i - \Delta t)) + (A + B)$$

$$= A \times \sin\left(\frac{i \times \pi}{2} - \Delta\varphi\right) + (A + B), \quad i = 0, 1, 2, 3 \tag{4.8}$$

接着通过方程组计算出入射信号和反射信号的相位偏移 $\Delta\varphi$，进而计算出距离 d 及其误差。

$$\Delta\varphi = 2\pi f\Delta t = \arctan\frac{r_2 - r_0}{r_1 - r_3}$$

$$d = \frac{c}{4\pi f}\Delta\varphi$$

$$A = \frac{1}{2}\sqrt{(r_2 - r_0)^2 + (r_1 - r_3)^2} \tag{4.9}$$

$$B = \frac{1}{4}(r_0 + r_1 + r_2 + r_3)$$

$$\sigma_d = \frac{c}{4\sqrt{2}\pi f}\frac{\sqrt{A + B}}{c_d \times A}$$

与立体相机或三角测量系统比，ToF 相机体积小巧，跟一般相机大小相去无几，非常适合于一些需要轻便、小体积相机的场合。ToF 相机能够实时快速地计算深度信息，甚至可达到 100 fps，而双目立体相机需要用到复杂的相关性算法，处理速度较慢。ToF 相机的深度计算不受物体表面灰度和特征影响，可以非常准确地进行三维探测。而双目立体相机则需要目标具有良好的特征变化，否则会无法进行深度计算。ToF 相机的深度计算精度不随距离改变而变化，基本能稳定在厘米级，这对于一些大范围运动的应用场合非常有意义。

在无人机的实际应用场景中，充分利用 ToF 相机体积小、实时性高、抗干扰能力强的优点，使用其探测距离，可用于室内或低空飞行的定高或者避障。

4.4 位置感知模块

位置感知模块用于提供无人机当前的位置信息，可以通过 GNSS 和光流模块来获得。GNSS 使用卫星信号，而卫星信号在室内场景下强度太弱，故 GNSS 只适用于室外场景；光流算法原理上只能获取速度，不能直接获取位置，需要对速度积分才能获取位置信息，类似于 IMU，积分获取的位置最后会发散，因此光流模块只能在有限的条件下获取位置，比如在悬停任务中。

4.4.1 GPS 模块

无人机在室外飞行时，由于可以较好地接收到导航卫星的信号，故能通过 GNSS 来定位其当前的位置。GNSS 对于导航、返航及室外定点飞行十分重要。GPS 模块是常用的 GNSS 之一，GPS 模块对于室外无人机几乎是必备的模块，因此本小节主要介绍 GPS 模块。

全球定位系统（Global Positioning System，简称 GPS）是由美国国防部研制和维护的中距离圆型轨道卫星导航系统，包括地面控制站、GPS 卫星空间部分和用户 GPS 接收机三大部分。

GPS 卫星空间部分由覆盖全球的 24 颗卫星组成（21 颗工作卫星，3 颗备用卫星），24 颗卫星分布于 6 个轨道平面上，每个轨道平面上有 4 颗卫星。卫星的轨道面与地球赤道面的倾角为 55°，各轨道面的升交点的赤经相差 60°，轨道高度为 20 200 km（单颗卫星覆盖约 38% 地面面积），运行周期为 12 恒星时，见图 4.24。这样的卫星分布使得在全球任何地方、任何时间都可观测到 4 颗以上的卫星，并能在卫星中预存导航信息。

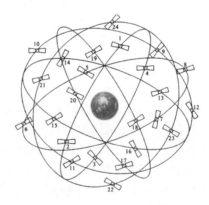

图 4.24 GPS 卫星系统

地面控制站由 1 个主控制站、5 个监测站、3 个注入站组成。主控制站位于美国科罗拉多州春田市，主要负责：①管理、协调地面监测站各部分的工作；②收编各监测站的数据，编制导航电文，送往注入站；③监控卫星状态，向卫星发送控制指令（卫星维护和异常处理）。注入站的作用是将导航电文注入 GPS 卫星；监测站常年连续不断地观测每颗卫星，每 6 s 进行一次伪距测量和积分多普勒观测，采集气象要素等数据。

用户 GPS 信号接收机捕获到跟踪的卫星信号后，就可测量出接收天线至卫星的伪距离和距离的变化率，解调出卫星轨道参数等数据。根据这些数据，接收机中的微处理计算机按定位解算方法进行定位计算，计算出用户所在地理位置的经纬度、高度、速度、时间等信息。接收机硬件和软件以及 GPS 数据的后处理软件包构成完整的 GPS 用户设备。随着全球性空间定位信息应用的日益广泛，GPS 提供的全时域、全天候、高精度定位服务将给空间技术、地球物理、大地测绘、遥感技术、交通调度、军事作战以及人们的日常生活带来巨大的变化和深远的影响。

GPS 导航系统的基本原理是测量出已知位置的卫星到用户 GPS 信号接收机之间的距离，然后综合多颗卫星（至少 4 颗卫星）的数据，进而计算出接收机的具体位置。卫星的位置信息是通过星载时钟所记录的时间在卫星星历中查找出来的，此信息与时间信息会一并广播出来，接收机只需要记录下卫星信号的接收时间即可通过光速乘上卫星信号中的时间和接收时间的时间差得到接收机与对应卫星的距离。在直角坐标系下，接收机的位置信息由 (x, y, z) 三个量确定，而卫星的位置也是由 (x, y, z) 三个量确定。其实只需要 3 颗卫星的信号就可以算出接收机的位置信息了。之所以要求至少 4 颗卫星，主要是为了确定误差及提高精度，卫星数量越多，计算的位置信息就越准确。要达到这一目的，卫星的位置可以根据星载时钟所记录的时间在卫星星历中查出。而用户到卫星的距离则通过记录卫星信号传播到用户所经历的时间，再将其乘以光速得到。

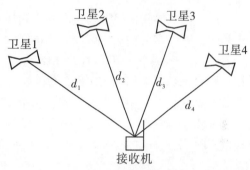

图 4.25 GPS 定位原理图

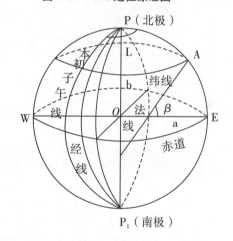

图 4.26 经纬度定义

接收机的位置主要由经纬度相关信息表示。如图 4.26 所示，经度定义为地球面上一点和两极的连线与 0°经线所在平面的夹角。通过英国首都伦敦格林尼治天文台原址的那一条经线定为 0°经线，也叫本初子午线，它的东面为东经，共 180°，它的西面为西经，共180°。纬度是指某地地面法线与赤道面的夹角，其数值在 0°～90°之间。位于赤道以北的点的纬度叫北纬，记为 N；位于赤道以南的点的纬度叫南纬，记为 S。图 4.27 为几个常见的 GPS 模块（接收机）。

图 4.27　常见的 GPS 模块

　　GPS 信号接收机根据其实际的应用场景会有不同的功能，但是它们的 GPS 定位信息串行输出格式大多采用美国国家海洋电子协会指定的 NMEA – 0183 通信标准格式，目前已成为 GPS 导航设备统一的 RTCM（Radio Technical Commission for Maritime Services）标准协议。输出的数据采用 ASCII 码，包含经度、纬度、高度、速度、日期、时间、航向以及卫星状况等信息，常用消息有 6 种，包括 GGA、GLL、GSV、GSA、RMC 和 VTG，对应的内容见表 4.1。各大厂商也会根据应用场景不同，使用一些自定义协议，如 U – blox 公司使用的 UBX 协议（详见附录）。下面我们就比较常用的 GGA 协议进行说明。

表 4.1　NMEA – 0183 消息类型说明

消息类型	内容	最大帧长
GGA	时间、位置、全球定位数据	72
GLL	大地坐标信息	
GSV	卫星状态信息	210
GSA	接收机模式和卫星 PRN 数据	65
RMC	速度、运输定位数据	70
VTG	方位角与对地速度信息	34

　　一般在与电脑上位机通信的时候，使用 NMEA 格式会比较方便，并使用 ASCII 码输出，其中 GGA 协议的形式如下所示：
$GPGGA,[1],[2],[3],[4],[5],[6],[7],[8],[9],M,[10],M,[11],[12]*xx[CR][LF]
　　GPGGA 表明了使用的协议是 GGA 协议，M 代表单位米，＊是校验和前缀，可以理解为一条消息正文内容的结束标志，［CR］［LF］是换行符，下面我们就一组真实的 GGA 数据，说明协议中各个信息量，见表 4.2。
$GPGGA,114641,3002.3232,N,12206.1157,E,1,05,12.9,53.2,M,11.6,M,,*4A

表 4.2　GGA 协议说明

序号	说明	格式	示例	意义
[1]	UTC 时间	hhmmss. sss	114641	11：46：41 + 00：00
[2]	纬度	ddmm. mmmm	3002. 3232	30°2. 3232′
[3]	纬度半球	N/S	N	北纬
[4]	经度	dddmm. mmmm	12206. 1157	122°6. 1157′
[5]	经度半球	E/W	E	东经
[6]	定位质量	0/1	1	定位有效
[7]	卫星数量	00 ~ 12	05	使用 5 颗卫星
[8]	水平精度	0. 5 ~ 99. 9	12. 9	水平精度 12. 9 米
[9]	海拔高度	- 9 999. 9 ~ 9 999. 9	53. 2	海拔 53. 2 米
[10]	离地高度	- 9 999. 9 ~ 9 999. 9	11. 6	离地平面 11. 6 米
[11]	差分 GPS 数据期限			
[12]	差分参考基站标号			
× ×	校验和	2 位 16 进制数	4A	校验和 4A

注：由于不使用差分定位，因此 [11] [12] 都为空白。

在地球赤道上环绕地球一周走一圈共 40 075. 02 km，而一圈分成 360°，那么每一度经度在赤道上的长度为 111. 319 5 km。赤道上各经度之间的距离相同，随着纬度的变化，各经度之间的距离为 0 ~ 111. 319 5 km，因此变化规律可以表示为：

$$Lon_{scale} = \cos(Lat) \times 111. 319\ 5 \tag{4.10}$$

式（4.10）中，Lon_{scale} 为经度随纬度变化的变化率，单位为 km/°，Lat 为当前纬度。那么，可以得出地图上两点之间的距离：

$$X = (Lat_1 - Lat_2) \times 111$$
$$Y = (Lon_1 - Lon_2) \times Lon_{scale} \tag{4.11}$$
$$D = \sqrt{X^2 + Y^2}$$

式中，D 为距离，单位为 km。

4.4.2　光流传感器

光流的概念是 Gibson 在 1950 年首先提出来的，它是空间运动物体在成像平面上的像素运动的瞬时速度，是利用图像序列中像素在时间域上的变化以及相邻帧之间的相关性来找到上一帧跟当前帧之间存在的对应关系，从而计算出相邻帧之间物体的运动信息的一种方法。一般而言，光流是由场景中目标本身的移动、相机的运动，或者两者的共同运动所产生的，其计算方法可分为三类：

（1）基于区域或基于特征的匹配方法；

（2）基于频域的方法；

（3）基于梯度的方法。

光流算法有三个必要的假设，分别是：

（1）相邻帧之间的亮度恒定；

（2）相邻视频帧的取帧时间连续或者相邻帧之间的物体运动比较"微小"；

（3）保持空间一致性，即同一子图像的像素点具有相同的运动。

物体在运动的时候，它在图像上对应的像素点也在做相应的运动，这种图像像素的运动就是光流，即空间运动物体在成像平面上的像素运动的瞬时速度。当物体静止，而相机运动时，根据相对运动的原理，通过图像计算出物体在画面中的位移，再对物体位移进行取反，即得到相机的位移。

图4.28展示的便是三维空间内物体的运动在二维成像平面上的投影，得到的是一个描述位置变化的二维矢量，但在运动间隔极小的情况下，我们通常将其视为一个描述该点瞬时速度的二维矢量 $\boldsymbol{u} = (u, v)$，称为光流矢量。

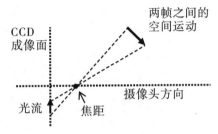

图4.28 运动投影示意图

在空间中，运动可以用运动场描述，而在一个图像平面上，物体的运动往往是通过图像序列中不同图像灰度分布的不同体现的，从而，空间中的运动场转移到图像上就表示为光流场（Optical Flow Field）。

光流场是一个二维矢量场，它反映了图像上每一点灰度的变化趋势，可看成是带有灰度的像素点在图像平面上运动而产生的瞬时速度场。它包含的信息即是各像素点的瞬时运动速度矢量信息。

光流模块的输出为两帧之间的物体像素位移，定义输出为 u，v。通过下式，可以转换为物体实际的位移 s_x 与 s_y。

$$s_x = \frac{u}{A} \times Dis$$
$$s_y = \frac{v}{A} \times Dis$$

$$(4.12)$$

式中，A 是与光流模块中 CCD 像素物理尺寸及像距相关的一个常数，Dis 为物体到模块的距离，单位为 cm，s_x 与 s_y 单位为 cm。

那么测量物体在一段时间（T）内的总位移（S_x，S_y），可以通过下面的积分获得。

$$S_x = \int_0^T s_x \mathrm{d}t$$
$$S_y = \int_0^T s_y \mathrm{d}t$$

$$(4.13)$$

那么，如果物体静止，相机移动，那么相机的位移如下式所示。

$$S'_x = -S_x$$
$$S'_y = -S_y \qquad (4.14)$$

光流模组内部已经对上述原理进行集成解算，输出为模块的位移。图 4.29 为两款常见的光流模块，其中摄像头占了大部分的空间。

光流模块除了可以用来做简单的测距，还可以用来做目标检测、目标跟踪，这些相对高级的功能需要更多的计算资源，这里就不一一展开详述。

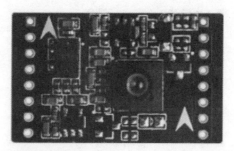

图 4.29 常见的光流模块

4.5 避障传感器

无人机在飞行过程中可能会遇到各个方向上的障碍物，避障技术作为增加无人机安全飞行的保障也随着技术发展日新月异。在飞行过程中，无人机通过传感器收集周边障碍物信息，测量与障碍物之间的距离从而做出相应的动作，达到避障效果。常用的避障传感器有红外传感器、雷达传感器、超声波传感器等。

4.5.1 红外传感器

红外传感器是以红外线为介质测量距离的一类传感器，通过相位法、三角测量法、反射能量法、超声测距使用的时差法等方法均可实现红外测距。基于不同方法设计的测距传感器其实现成本、测量范围差异较大，而具体到无人机避障的应用上，我们常用的红外测距模块的实现方式就是反射能量法和三角测量法，下面我们主要讲三角测量法。

如图 4.30 所示，红外传感器包含红外发射器与检测器，红外发射器会发射红外线，红外线在物体上会发生反射，反射的光线会被检测器接收。假设红外发射器和检测器之间的中心距离为 L，由于物体的距离 D 不同，反射角度 α 也会不同，不同的反射角度会产生不同的偏移值 x，就可以计算出物体的距离。

从图 4.30 可知，当 D 过大或者过小的时候，反射光会落到检测器的左侧或者右侧，无法进入检测器中，就无法测量距离。因此，三角测量法会有最大和最小检测范围的限制。

红外传感器的技术成熟，成本也较低，但是对环境光的抗干扰能力较差，检测距离也比较短。另外，红外传感器对障碍物的要求跟超声波传感器恰恰相反，它需要障碍物具有漫反射表面，而对于透明的或者近似黑色的物体，红外传感器不适用。因此可以将红外测距与超声测距结合使用以适应更多不同的障碍物。

图 4.31 为市面上的一款红外传感器，可以明显看到它的红外发射器和检测器。

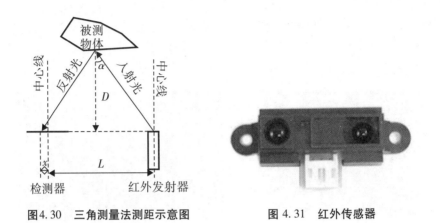

图4.30　三角测量法测距示意图　　　图 4.31　红外传感器

4.5.2　雷达传感器

雷达是物体探测最常用的工具之一，其工作原理跟超声波/红外测距类似，不同的是雷达还利用回波成像来构显被探测物体，同时还具有感知范围大、适应环境光等优点。一般我们可以采用激光雷达或者毫米波雷达。

激光雷达是以发射激光束探测目标位置、速度等特征的雷达系统；毫米波雷达则是指工作波段为毫米的雷达，毫米波本质上也是电磁波，其频率范围大致是 10～200 GHz。图 4.32 展示了激光雷达和毫米波雷达，考虑到功耗、体积和环境适应性，无人机一般不使用激光雷达，多使用毫米波雷达。

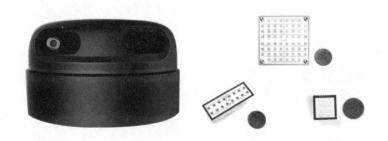

图4.32　激光雷达与毫米波雷达

4.5.3　超声波传感器

超声波传感器在 4.3 节已有详述，在此不额外展开。

第5章 无人机飞行控制核心算法

本章介绍无人机飞行控制核心算法，分为解算和 PID 控制两大类。要进行飞行控制，首先需要从传感器测得的数据中获得无人机的姿态、高度、位置等信息，这一过程称为姿态、高度、位置的解算。相应的姿态传感器、高度传感器和位置传感器在第 4 章已有详细介绍，如姿态传感器通常为置于无人机机体上的惯性测量单元，包括陀螺仪、加速度计和磁力计，要获得准确的无人机姿态信息，需要将多个传感器的信息进行融合，这是解算算法重点要解决的问题。解算的结果为我们提供了无人机当前的状态，而要达到目标状态，需要根据当前状态和目标状态的差计算出控制量，向无人机的执行部件发出控制信号，这一过程称为控制。本章介绍的 PID 控制算法是应用最为广泛的一种自动控制算法，具体到无人机的飞行，可分为姿态控制、高度控制和位置控制等。

图 5.1 为传感器和各种算法之间的关系图。传感器的测量数据在用来做解算之前，通常需要经过降噪滤波处理，目的是去除测量的噪声而还原真实数据，但降噪滤波算法不在本章讲述的范围之内，相关内容请参考第 6 章。

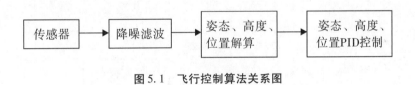

图 5.1 飞行控制算法关系图

5.1 姿态解算

姿态解算是根据无人机上的惯性测量单元（简称 IMU，包括加速度计与陀螺仪）和磁力计提供的数据，通过一定的算法得到无人机的当前姿态。姿态解算常用的算法有互补融合解算、四元数解算和卡尔曼滤波等。

5.1.1 互补融合解算

姿态解算的目的是要得到飞机当前所处的空间角度，而角度可以通过角速度对时间的积分来得到。陀螺仪能感知三个方向的角速度，假如陀螺仪输出的角速度是精确的，而采样的频率又足够高，那么单纯依靠陀螺仪即可解算出无人机的姿态，不需要其他传感器的辅助。陀螺仪的特点是在高频段动态响应特性好，短时间内误差比较小，但它存在温度漂移和零点漂移，通过积分误差会得到累积，使得偏差越来越大，因此它在低频段动态特性会比较差。

加速度计则刚好相反。加速度计的输出包含两部分，一是重力加速度，二是无人机的运动加速度。重力加速度是一个常量，属于低频信号，而运动加速度会随着无人机运动状态的改变而改变。在单位时间内速度变化越大，则运动加速度越大，因此瞬时加速度会有很大的波动。在姿态解算部分，加速度计的作用是要给出重力加速度在机体坐标三个轴上的分量，利用重力加速度总是垂直地面向下的特性，解算出无人机当前所处的倾角，因此在这种情形下，重力加速度是我们需要的有用信号，而运动加速度成为干扰信号。考虑到运动加速度是无人机运动状态的瞬时体现，属于高频信号，如果对其进行低通滤波，将会大大降低运动加速度对姿态解算的影响。

从以上分析可知，由于受到传感器性能的限制，通常使用单一的传感器不能达到姿态解算的精度要求，通过多个传感器融合的方法，能有效提高姿态解算的精度。互补融合解算就是采用这样的思想，结合加速度计和陀螺仪各自的频率响应优势，从频域角度对传感器进行融合，将陀螺仪的高频段与加速度计的低频段按照一定的权重进行结合，一次性实现陀螺仪的高通滤波和加速度计的低通滤波，使其在全频段均有较好的动态响应特性，以得到误差较小的状态估计。它的优势是在频域上同时对多个传感器的噪声进行处理。图5.2是利用互补融合解算实现陀螺仪和加速度计数据融合的示意图。

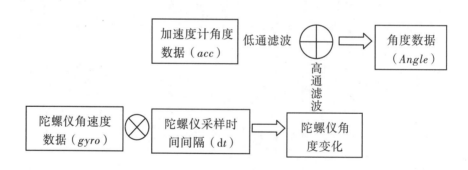

图5.2 互补融合解算示意图

假设前一时刻的角度为 A_{i-1}，那么根据陀螺仪当前测到的角速度 ω 以及陀螺仪的采样时间间隔 $\mathrm{d}t$，可得到陀螺仪的积分角度：$A_{gyro} = A_{i-1} + \omega \times \mathrm{d}t$。同时，根据加速度计的数据可以推算出加速度计角度，记为 A_{acc}。将二者结合可得融合后角度：

$$A_i = a \times A_{gyro} + (1 - a) \times A_{acc} \tag{5.1}$$

从式（5.1）可看出，互补融合解算是用加速度计角度来修正陀螺仪的偏差，其中 a 为互补融合系数，取值范围为 [0，1]。a 值的大小决定了修正响应速度的快慢，也是影响滤波效果的关键因素。我们可以通过时间常数 τ 来确定 a 的值，它们之间的关系如下：

$$a = \frac{\tau}{\tau + \mathrm{d}t} \tag{5.2}$$

　　时间常数 τ 的取值范围为 $[0,\infty]$，τ 越大，a 也越大。时间常数给出了陀螺仪和加速度计分别起主导作用的时间分界线。τ 的大小可以根据陀螺仪的漂移速度以及系统要求的精度来确定，τ 越小，加速度计修正的速度越快，但是如果 τ（或 a）过小，加速度计的噪声会更多地引入到系统中。反之，如果 τ（或 a）过大，加速度计修正的速度过慢，陀螺仪的累积误差会过大。在实际应用中，通常需要对滤波后的角度跟随情况进行观察，然后调整滤波系数，直到滤波后的角度能准确地跟踪无人机的倾角变化。

　　需要说明的是，互补融合解算并不只是用于姿态解算，对于高度解算同样可以使用互补融合的思想，只需要把加速度计测得的角度换成气压计测得的高度，陀螺仪测得的角速度换成垂直方向的线速度即可。

5.1.2　四元数解算

1. 四元数微分方程

　　从第 2 章我们了解到，无人机姿态可以用欧拉角和四元数来表示。四元数微分方程是四元数对时间的微分方程，给出的是四元数对时间的变化率，对该方程进行积分，即可得到不同时间点四元数的值，而通过四元数的值我们可以得到无人机的姿态信息，也可以将其转换为欧拉角，这就是四元数解算的基本思想。

　　无人机在飞行过程中姿态不断变化，因此四元数是一个随时间变化的量，它随时间变化的快慢程度可以由四元数对时间的微分来表示，而此微分与无人机的旋转角速度有关，这一关系可以由四元数的微分方程来描述：

$$\begin{bmatrix} \dot{q}_0(t) \\ \dot{q}_1(t) \\ \dot{q}_2(t) \\ \dot{q}_3(t) \end{bmatrix} = \frac{1}{2}\begin{bmatrix} 0 & -\omega_x & -\omega_y & -\omega_z \\ \omega_x & 0 & \omega_z & -\omega_y \\ \omega_y & -\omega_z & 0 & \omega_x \\ \omega_z & \omega_y & -\omega_x & 0 \end{bmatrix}\begin{bmatrix} q_0(t) \\ q_1(t) \\ q_2(t) \\ q_3(t) \end{bmatrix} \tag{5.3}$$

　　其中，ω_x、ω_y、ω_z 为无人机绕机体坐标系的三个轴旋转的角速度。式（5.3）用简化的方式来写就是 $\dot{Q}(t) = \frac{1}{2}\omega(t)Q(t)$，其中 $Q(t)$ 为 t 时刻的四元数。采用一阶龙格库塔法解此微分方程得：

$$Q(t+h) = Q(t) + \frac{1}{2}\omega(t)Q(t)h = \left(I + \frac{1}{2}\omega(t)h\right)Q(t) \tag{5.4}$$

I 为单位矩阵，h 为时间步长。写成矩阵的形式为：

$$
\begin{bmatrix} q_0(t+h) \\ q_1(t+h) \\ q_2(t+h) \\ q_3(t+h) \end{bmatrix} = \begin{bmatrix} 1 & -\dfrac{\omega_x}{2}h & -\dfrac{\omega_y}{2}h & -\dfrac{\omega_z}{2}h \\[2mm] \dfrac{\omega_x}{2}h & 1 & \dfrac{\omega_z}{2}h & -\dfrac{\omega_y}{2}h \\[2mm] \dfrac{\omega_y}{2}h & -\dfrac{\omega_z}{2}h & 1 & \dfrac{\omega_x}{2}h \\[2mm] \dfrac{\omega_z}{2}h & \dfrac{\omega_y}{2}h & -\dfrac{\omega_x}{2}h & 1 \end{bmatrix} \begin{bmatrix} q_0(t) \\ q_1(t) \\ q_2(t) \\ q_3(t) \end{bmatrix} \tag{5.5}
$$

式（5.5）给出了一个四元数的递推式，从该式可看出，如果已知无人机的初始姿态并将其转换为四元数，则只需获得无人机在各个时刻绕三个轴旋转的角速度ω_x，ω_y和ω_z，即可由前一个时刻的四元数推算出下一时刻的四元数，由此可得到无人机在各个时刻的飞行姿态。

值得指出的是，四元数在递推的过程中，由于存在误差等因素，会导致在计算过程中逐渐失去归一化特性，即不再是单位四元数，因此四元数在每一次更新后需要有一个归一化处理：

$$
q_i = \frac{\hat{q}_i}{\sqrt{\hat{q}_0^2 + \hat{q}_1^2 + \hat{q}_2^2 + \hat{q}_3^2}}, \qquad i = 0, 1, 2, 3 \tag{5.6}
$$

其中$\hat{q}_0$，$\hat{q}_1$，$\hat{q}_2$，$\hat{q}_3$为四元数更新后所得的值。

2. 加速度计对角速度的修正

式（5.5）给出了四元数的递推式，从公式可看出角速度ω是一个非常重要的参数，它的精度直接影响到四元数的计算精度。实际应用中，角速度的数据来源一般是机载三轴陀螺仪，它跟随无人机运动时能测得无人机绕三个轴旋转的角速度。陀螺仪的优点是噪声小，对线性运动不明显，但是由于存在漂移现象，长时间积分会使得误差累积，使角速度越来越失真，因此单纯使用陀螺仪来获取角速度的数据不足以满足实际需求，需要有其他类型的传感器对它进行修正，即有一个纠偏的过程。事实上，我们在使用式（5.5）进行计算的时候，使用的是修正后的角速度。

使用重力加速度计来对陀螺仪的角速度进行修正是常用的做法，因为加速度计的低频特性比较好，通过积分可以得到较精确的值。重力加速度计给出的数据是重力加速度在机体坐标系三个轴上的分量，而通过当前计算的无人机姿态也可得到重力加速度在机体坐标系三个轴上的分量。由于误差的存在，二者之间存在差异，利用此差异可对角速度进行修正，实现陀螺仪和加速度计的数据融合。

重力加速度在机体坐标系三个轴上的分量可通过第2章介绍的坐标系变换来实现。重力加速度的方向始终是垂直地面向下的，因此按照第2章我们对地面坐标系和机体坐标系的定义，在地面坐标系上，重力加速度在z轴方向的分量为1（单位为1倍重力加速度，即9.8 m/s²），在x轴和y轴的分量均为0，可以用重力向量$g_w = [0, 0, 1]^T$来表示。该重力向量乘以式（2.15）给出的用四元数表示的方向余弦矩阵R_W^B，可将重力向量从地面坐标系转换到机体坐标系：

$$g_{\mathrm{B}} = R_{\mathrm{W}}^{\mathrm{B}} g_{\mathrm{W}} = \begin{bmatrix} q_0^2 + q_1^2 - q_2^2 - q_3^2 & 2(q_1 q_2 + q_0 q_3) & 2(q_1 q_3 - q_0 q_2) \\ 2(q_1 q_2 - q_0 q_3) & q_0^2 - q_1^2 + q_2^2 - q_3^2 & 2(q_2 q_3 + q_0 q_1) \\ 2(q_1 q_3 + q_0 q_2) & 2(q_2 q_3 - q_0 q_1) & q_0^2 - q_1^2 - q_2^2 + q_3^2 \end{bmatrix} \begin{bmatrix} 0 \\ 0 \\ 1 \end{bmatrix} \tag{5.7}$$

整理后可得到重力加速度在机体坐标系三个坐标轴上的分量 $g_{\mathrm{B}x}$，$g_{\mathrm{B}y}$ 和 $g_{\mathrm{B}z}$：

$$g_{\mathrm{B}} = \begin{bmatrix} g_{\mathrm{B}x} \\ g_{\mathrm{B}y} \\ g_{\mathrm{B}z} \end{bmatrix} = \begin{bmatrix} 2(q_1 q_3 - q_0 q_2) \\ 2(q_2 q_3 + q_0 q_1) \\ q_0^2 - q_1^2 - q_2^2 + q_3^2 \end{bmatrix} = \begin{bmatrix} R_{13} \\ R_{23} \\ R_{33} \end{bmatrix} \tag{5.8}$$

其中 R_{13}，R_{23} 和 R_{33} 为 $R_{\mathrm{W}}^{\mathrm{B}}$ 矩阵中相应的元素，$R_{\mathrm{W}}^{\mathrm{B}}$ 为四元数形式的方向余弦矩阵，见式（2.15）。因此，根据陀螺仪积分得到的无人机姿态，可以推算出在机体坐标系下的重力向量 g_{B}。

为了区分起见，我们将加速度计测量的重力向量记为 $a_{\mathrm{B}} = [a_{\mathrm{B}x}, a_{\mathrm{B}y}, a_{\mathrm{B}z}]^{\mathrm{T}}$。$a_{\mathrm{B}}$ 需经过归一化处理才可用于和 g_{B} 的比较。

$$\begin{aligned} norm &= \sqrt{a_{\mathrm{B}x}^2 + a_{\mathrm{B}y}^2 + a_{\mathrm{B}z}^2} \\ a_{\mathrm{B}x} &= a_{\mathrm{B}x}/norm \\ a_{\mathrm{B}y} &= a_{\mathrm{B}y}/norm \\ a_{\mathrm{B}z} &= a_{\mathrm{B}z}/norm \end{aligned} \tag{5.9}$$

经归一化处理后，a_{B} 和 g_{B} 均为单位向量，但由于误差的存在，它们的方向不同，这一差异代表了无人机姿态的差异，可以用两个向量的叉乘来表示，叉乘后的向量为 e。

$$e = a_{\mathrm{B}} \times g_{\mathrm{B}} = \begin{vmatrix} i & j & k \\ a_{\mathrm{B}x} & a_{\mathrm{B}y} & a_{\mathrm{B}z} \\ g_{\mathrm{B}x} & g_{\mathrm{B}y} & g_{\mathrm{B}z} \end{vmatrix} \tag{5.10}$$

其中 i、j、k 是机体坐标系的单位向量，简化得：

$$e = \begin{bmatrix} e_x \\ e_y \\ e_z \end{bmatrix} = \begin{bmatrix} a_{\mathrm{B}y} \cdot g_{\mathrm{B}z} - a_{\mathrm{B}z} \cdot g_{\mathrm{B}y} \\ a_{\mathrm{B}z} \cdot g_{\mathrm{B}x} - a_{\mathrm{B}x} \cdot g_{\mathrm{B}z} \\ a_{\mathrm{B}x} \cdot g_{\mathrm{B}y} - a_{\mathrm{B}y} \cdot g_{\mathrm{B}x} \end{bmatrix} \tag{5.11}$$

这里需要解释一下为什么用两个向量的叉乘，而不是差值来表示两个向量的差异。首先叉乘以后 e 的大小为 $|a_{\mathrm{B}}||g_{\mathrm{B}}|\sin\theta$，其中 θ 为两个向量的夹角，因此 e 的大小可以衡量两个向量的平行程度，当完全平行时，e 为 0，即认为两个向量没有差异，即可以用叉乘的大小来表示两个向量间的方向差异；其次，叉乘后 e 的方向为向量 a_{B} 向 g_{B} 旋转时旋转轴的方向，这一方向和我们希望修正的角速度的方向是一致的，假设 e 的方向刚好指向机体坐标系 x 轴的方向，则说明 x 轴方向的角速度需要得到修正，因此向量 e 无论是大小还是方向均满足对角速度进行修正的需求。

将上述方法计算出来的叉乘误差 e 进行比例积分（PI）运算，修正陀螺仪角速度的值。

$$e_x Int = e_x Int + e_x \cdot K_i$$

$$e_y Int = e_y Int + e_y \cdot K_i$$

$$e_z Int = e_z Int + e_z \cdot K_i$$

$$\omega_x = \omega_x + K_p \cdot e_x + e_x Int \qquad (5.12)$$

$$\omega_y = \omega_y + K_p \cdot e_y + e_y Int$$

$$\omega_z = \omega_z + K_p \cdot e_z + e_z Int$$

其中 K_i 和 K_p 分别为积分系数和比例系数，通过调整这两个系数，可以控制加速度计修正陀螺仪积分姿态的速度，以达到数据融合的目的。

3. 磁力计修正偏航角

仅仅用加速度计修正角速度的方法存在一个缺陷，即当无人机处于水平状态时，加速度计无法感知无人机绕 z 轴的旋转，即偏航角 yaw，因此，加入磁力计的测量数据，来修正绕 z 轴旋转的角速度偏差。

首先计算出磁力计测得的偏航角和当前计算得到的偏航角之间的误差：

$$e_{yaw} = yaw_m - yaw_i \qquad (5.13)$$

其中 yaw_m 为磁力计测得的偏航角，yaw_i 为当前根据 IMU 计算得到的偏航角，该偏航角可通过计算当前得到的四元数转换为欧拉角得到。

在地面坐标系下，偏航角误差仅存在于 z 轴，但在机体坐标系下，偏航角误差的修正在三个轴上均有体现，因此接下来，我们需要将该误差换算到机体坐标系三个坐标轴上：

$$\begin{bmatrix} e_{x\_yaw} \\ e_{y\_yaw} \\ e_{z\_yaw} \end{bmatrix} = R_W^B \begin{bmatrix} 0 \\ 0 \\ e_{yaw} \end{bmatrix} = \begin{bmatrix} q_0^2+q_1^2-q_2^2-q_3^2 & 2(q_1q_2+q_0q_3) & 2(q_1q_3-q_0q_2) \\ 2(q_1q_2-q_0q_3) & q_0^2-q_1^2+q_2^2-q_3^2 & 2(q_2q_3+q_0q_1) \\ 2(q_1q_3+q_0q_2) & 2(q_2q_3-q_0q_1) & q_0^2-q_1^2-q_2^2+q_3^2 \end{bmatrix} \begin{bmatrix} 0 \\ 0 \\ e_{yaw} \end{bmatrix} \qquad (5.14)$$

整理后可得：

$$\begin{bmatrix} e_{x\_yaw} \\ e_{y\_yaw} \\ e_{z\_yaw} \end{bmatrix} = \begin{bmatrix} R_{13} e_{yaw} \\ R_{23} e_{yaw} \\ R_{33} e_{yaw} \end{bmatrix} \qquad (5.15)$$

其中，R_{13}，R_{23} 和 R_{33} 为 R_W^B 矩阵中相应的元素。据此，可以实现对角速度的修正：

$$\omega_x = \omega_x + K_{p\_yaw} \cdot e_{x\_yaw}$$

$$\omega_y = \omega_y + K_{p\_yaw} \cdot e_{y\_yaw} \qquad (5.16)$$

$$\omega_z = \omega_z + K_{p\_yaw} \cdot e_{z\_yaw}$$

其中 K_{p_yaw} 为磁力计融合的比例系数。

4. 四元数解算步骤

四元数进行姿态解算的步骤如下：

（1）四元数初始化；

（2）根据当前四元数计算重力向量 g_B，式（5.8）；

（3）计算 g_B 与 a_B 的差异 e，式（5.11）；

（4）加速度计修正陀螺仪角速度，式（5.12）；

（5）磁力计修正角速度，式（5.16）；

（6）用修正后的角速度更新四元数，式（5.5）；

（7）四元数规范化处理，式（5.6）；

（8）四元数转化为欧拉角，式（2.16）；

（9）重复步骤（2）至（8）。

5.1.3　卡尔曼滤波

卡尔曼滤波是利用系统预测值和观测值两方面的信息，对状态量进行动态最优估计的一种算法。最初的卡尔曼滤波是针对线性系统，之后的研究将其扩展至非线性系统，如扩展卡尔曼滤波等。传统的滤波方法多数是在频域内进行，当有用信号与噪声在不同的频段时，可通过滤除噪声所在的频段达到减少噪声的目的，如 6.2.2 节介绍的滑动平均滤波即属于这一范畴。卡尔曼滤波是在时域上的表述，它将状态空间模型和统计学的方法应用到滤波理论中，在系统预测和观测值均存在噪声的情况下，卡尔曼滤波能够根据一些统计信息，得到状态量的动态最优估计。

首先我们考虑一个离散的线性系统，它的状态方程和观测方程如下：

$$x_k = A\,x_{k-1} + B\,u_{k-1} + w_{k-1} \tag{5.17}$$

$$z_k = H\,x_k + v_k \tag{5.18}$$

式（5.17）为状态方程，式（5.18）为观测方程，其中 x 为状态向量，它可以包含若干个状态变量；z 为观测值向量，可以包含若干个观测值；u 为控制量；A，B，H 为矩阵；w 和 v 分别为过程噪声和观测噪声。

状态方程描述了 $k-1$ 时刻的状态和 k 时刻的状态的关系，是一个状态递推式，观测方程描述了状态量和观测量之间的关系，这两个方程使得我们可以从两个渠道获得状态量的信息，一是通过状态方程，由 $k-1$ 时刻的状态得到 k 时刻的状态的预测值；二是通过 k 时刻的观测量来得到状态量，但是从公式中我们得知无论预测值还是观测值均存在噪声，卡尔曼滤波就是解决这样一个问题，在上述假设条件下，如何将二者进行融合，给出状态估计的动态最优解。

卡尔曼滤波是一个递推算法，这里给出从 $k-1$ 时刻到 k 时刻的递推步骤：

1. 状态预测

假设当前已知 $k-1$ 时刻的最优状态估计 $\hat{x}_{k-1}$，以及它的协方差 P_{k-1}，根据状态方程，可以得到状态的预测值以及此预测值包含噪声的协方差矩阵：

$$\hat{x}_{\bar{k}} = A\,\hat{x}_{k-1} + B\,u_{k-1} \tag{5.19}$$

$$P_{\bar{k}} = A\,P_{k-1}A^{\mathrm{T}} + Q \tag{5.20}$$

$\hat{x}_{\bar{k}}$ 为根据 $k-1$ 时刻状态的最优估计 $\hat{x}_{k-1}$ 和状态方程给出的一个状态量的预测值，$P_{\bar{k}}$ 为 $\hat{x}_{\bar{k}}$ 所含噪声的协方差矩阵。$\hat{x}_{\bar{k}}$ 的噪声包含两部分，第一部分是 $k-1$ 时刻状态估计值 $\hat{x}_{k-1}$ 含有的噪声随着状态方程传递到 k 时刻，它的协方差为 $A P_{k-1} A^T$；第二部分是状态方程中的噪声 w，它的协方差为 Q，因此 $\hat{x}_{\bar{k}}$ 的协方差矩阵是这两部分噪声协方差矩阵的和。

2. 计算增益矩阵

卡尔曼滤波是对预测值和观测值的融合，最终的估计值是二者的加权叠加，权重的大小取决于预测值和观测值各自噪声的大小，噪声越大，则其对应的权重越小，这里噪声的大小是用协方差矩阵来衡量的。增益矩阵可以理解为预测值噪声占总噪声（包括预测值噪声和观测噪声）的比重，公式如下：

$$K_k = P_{\bar{k}} H^T (H P_{\bar{k}} H^T + R)^{-1} \tag{5.21}$$

其中，R 是观测量噪声 v 的协方差矩阵，$H P_{\bar{k}} H^T$ 为预测状态的噪声在观测量空间的映射，H 为式（5.18）中的观测矩阵。

3. 状态更新

此步骤的任务是给出 k 时刻的最优状态估计 $\hat{x}_k$ 以及其对应的噪声协方差矩阵：

$$\hat{x}_k = \hat{x}_{\bar{k}} + K_k (y_k - H \hat{x}_{\bar{k}}) \tag{5.22}$$

$$P_k = (I - K_k H) P_{\bar{k}} \tag{5.23}$$

可以看出，$\hat{x}_k$ 是在状态预测量 $\hat{x}_{\bar{k}}$ 的基础上增加了一个修正项 $K_k (y_k - H \hat{x}_{\bar{k}})$，其中 $y_k - H \hat{x}_{\bar{k}}$ 是预测量和观测量的差值，K_k 是由式（5.21）给出的增益矩阵，增益矩阵越大，代表预测值噪声相对越大，则修正的比例会更大，即观测值占的权重越大。P_k 是 $\hat{x}_k$ 的噪声协方差矩阵。

可见卡尔曼滤波不仅给出了状态量的递推公式，同时还给出了噪声协方差的递推公式。根据上述三个步骤，循环执行，可以实现观测量对状态估计的动态实时修正。

如果将卡尔曼滤波应用到无人机的姿态解算，通常将根据陀螺仪得到的姿态角作为预测值，将加速度计测到的角度作为观测值，以对前者进行修正。

5.2 姿态控制

5.2.1 PID 控制

5.1 节介绍的姿态解算方法目的是获得当前姿态的实际值，而要使无人机实现某种飞行动作，需控制无人机达到某种设定的姿态，即目标值，详见 2.3 节无人机飞行原理。姿态控制系统的作用是通过测量值与目标值之间的偏差计算出控制量，从而使无人机从测量值过渡到目标值。如果没有很好的姿态控制系统，则会出现动态响应过快、过慢，或者控制过冲或不足等现象。对于无人机的飞行控制，基本要求是稳定、准确和快速。稳定性是指无人机在平衡状态下受到干扰后，能再次恢复到平衡状态的能力；准确性是指实际状态和设定状态之间的误差，误差越小，准确性越高；快速性是指无人机动态响应的速度，通常用过渡时间的长短来衡量。

目前，虽然通过科学研究获得了一些具有优异控制效果的算法和理论，但在工程控制领域，PID 算法仍然是最简单有效的控制方案。

PID 分别是比例（Proportion）、积分（Integration）和微分（Differentiation）三个单词的首字母，因此 PID 控制即为比例、积分、微分控制。图 5.3 给出了 PID 控制的原理框图。对于 PID 控制模块来说，其输入量为目标值和测量值之间的误差 $e(t)$，输出量为发送给执行机构的调整量 $u(t)$，输入量和输出量之间的关系式为：

$$u(t) = K_p \left(e(t) + \frac{1}{T_I} \int e(t)\,\mathrm{d}t + T_D \frac{\mathrm{d}e(t)}{\mathrm{d}t} \right) \tag{5.24}$$

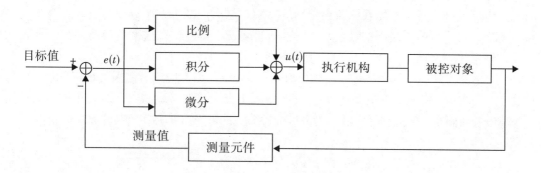

图 5.3　PID 控制原理框图

下面我们分别介绍比例、积分和微分控制。

1. 比例控制

比例控制器的特点是控制器的输出量 $u(t)$ 与误差 $e(t)$ 成比例关系：

$$u(t) = K_p e(t) \tag{5.25}$$

K_p 为比例系数。从式（5.25）可看出，比例控制调整的原则是：误差越大，调整量越大，二者成正比关系。比例系数 K_p 决定调整的快慢程度，K_p 越大调整越快，但容易出现震荡和控制过冲等不稳定现象；K_p 减小稳定性增加，但调整速度会减慢。

理论上随着调整的进行，虽然 $e(t)$ 逐渐减小，调整的速度会相应减慢，会使误差趋近于 0，但是当有系统误差存在的时候，单纯使用比例控制会使得稳态误差无法达到 0 的状态。比如当我们想让飞机向正前方飞行，如果检测到目前飞机的确是朝着正前方飞行，那么 $e(t)$ 为 0，按照比例控制公式，$u(t)$ 也为 0，但假如飞机存在系统误差，$u(t)$ 为 0 时飞机有一个向右的偏转，要想飞机真正实现向正前方飞行，需要有一个 $u(t)$ 不为 0 的调整量，而对于比例控制器来说，$e(t)$ 为 0 而 $u(t)$ 不为 0 是不能实现的，因此需要引入积分控制来解决这一问题。

2. 积分控制

积分控制器的特点是控制器的输出量 $u(t)$ 与误差 $e(t)$ 对时间的积分成比例：

$$u(t) = \frac{1}{T_I}\int e(t)\,\mathrm{d}t \tag{5.26}$$

积分控制器的调整量与一段时间内的累积误差成正比，因此当某一时刻的 $e(t)$ 为 0 时，$u(t)$ 可以不为 0。积分项是多次误差的累积，因此可以很好地消除稳态误差。

3. 微分控制

微分控制器的特点是控制器的输出量 $u(t)$ 与误差 $e(t)$ 对时间的微分成正比，即和 $e(t)$ 随时间的变化率成正比：

$$u(t) = T_D\frac{\mathrm{d}e(t)}{\mathrm{d}t} \tag{5.27}$$

微分项反映的是误差的变化趋势，控制器中增加微分项可以增加控制器的预见性以及系统的阻尼程度，从而增加系统的稳定性。当 $e(t)$ 随时间减少，微分项为负，则会在调整量当中增加一个负值，使调整量减小，$e(t)$ 随时间减小得越快，这个负值就越大，这相当于在控制系统中增加了一个"刹车"项，可以有效避免控制过冲等现象。

式（5.24）中各个物理量是以连续量的形式给出的，实际应用时使用的是离散量，即每经过一个固定的时间间隔采集一次数据，进行一次计算和调整。将式（5.24）中连续的时间变为离散的时间点，积分变成求和，微分变成差分，即可写出其 PID 控制的离散形式：

$$u(k) = K_p\Bigl(e(k) + \frac{1}{T_I}\sum_{n=0}^{k}e(k)\Delta t + T_D\frac{e(k)-e(k-1)}{\Delta t}\Bigr) \tag{5.28}$$

其中，$e(k-1)$ 和 $e(k)$ 分别代表 $k-1$ 时刻和 k 时刻的误差值，Δt 为两次采样之间的时间间隔。为了方便起见，将统一处理比例、积分、微分各项的系数，得到更常见的 PID 控制公式：

$$u(k) = K_p e(k) + K_I\sum_{n=0}^{k}e(k)\Delta t + K_D\frac{e(k)-e(k-1)}{\Delta t} \tag{5.29}$$

这样，比例、积分、微分项前面各有一个系数，形式上更加简洁，也更利于编程的实现。

5.2.2 双闭环姿态控制

PID 控制的输入量为目标值与测量值之间的差值，具体到无人机姿态控制，即为期望的欧拉角与测量的欧拉角之间的差值。测量的欧拉角来自姿态解算的结果，即通过加速度计、陀螺仪以及磁力计等传感器测量的数据，通过一系列算法得到无人机的当前姿态（详见 5.1 节）。加速度计和磁力计都是极易受外界干扰的传感器，在突遇风力或磁场干扰的时候，会导致传感器测量的数据失真，从而造成解算出的欧拉角瞬时误差非常大，甚至产生突变。在这种情形下，如果只有角度单环，很难使系统保持稳定运行，加入角速度作为内环可以有效解决这一问题。内环角速度的目标值为外环角度 PID 控制的输出量，角速度的测量值由陀螺仪提供，它抗干扰能力强，减少了外界干扰造成的影响，增强了系统的稳定性，使无人机飞行更加平稳。

图 5.4 为双闭环 PID 姿态控制框图，其中外环为 3 轴欧拉角角度 PID 控制，内环为 3 轴角速度 PID 控制。角度 PID 控制模块的输入值为目标欧拉角与当前欧拉角的差值，其中当前欧拉角由陀螺仪和加速度计数据经过四元数融合解算得到，包括俯仰角、横滚角和偏航角。角度 PID 的输出量是目标角速度，为角速度 PID 提供目标值。角速度 PID 的输入量为目标角速度和当前角速度的差值，其中目标角速度由角度 PID 模块提供，当前角速度由陀螺仪测量得到。角速度 PID 的输出值为欧拉角控制量，该控制量作用于执行部件，可使无人机的姿态调整为目标姿态。

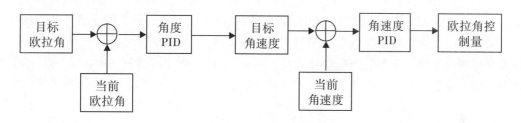

图 5.4　双闭环 PID 姿态控制框图

5.3　高度解算与控制

在无人机低空自主飞行和悬停等控制中，准确的高度测量必不可少。高度解算是将不同传感器得到的高度信息通过算法进行融合，得到关于无人机高度的估算。常用的高度传感器有气压计、超声波传感器、加速度计等，在一些大型的固定翼飞机和无人直升机上还会装有无线电测高装置，例如使用雷达测量电磁波发射时刻和接收时刻的延迟时间来得到高度信息。气压计和超声波传感器可直接得到高度信息。加速度计测得的数据是加速度，需经过两次对时间的积分才能得到高度信息。气压计不受高度限制，数据连续且分辨率高，但易受气流等因素的影响，短时间内噪声较大，长时间数据较稳定。超声波传感器不受气流的影响，但它测量的高度范围受到限制。加速度计测得的高度是经过积分运算后的结果，测量误差会被累积，随着时间的增加，误差越来越大。因此总体来说，对于高度测量，气压计和超声波传感器的低频特性好、高频特性差，而加速度计的高频特性好、低频特性差，将不同传感器信息进行融合是得到准确高度信息的必要手段，常用数据融合的算法有卡尔曼滤波、互补滤波等。

要想通过加速度的积分得到高度信息，首先要知道在地面坐标系沿 z 轴（垂直地面）方向的加速度，而加速度计装载在无人机上，其输出是机体坐标系三个轴方向上的分量，因此首先需要将其转换到地面坐标系，坐标系转换的方法在第 2 章已详细给出，此处不再重复。另外，由于加速度计测量的量是比力（单位质量所受的力），它的输出包含了两部分的力：重力和运动加速度产生的力，因此要想得到无人机的运动加速度，需要在加速度计的输出中减去重力加速度的部分。经过这两个方面的处理后，我们得到了传感器测得的无人机在地面坐标系三个坐标轴方向的加速度，此处，我们关注的是在 z 轴上的运动加速度值。

值得一提的是，在无人机姿态解算的部分，我们也用到了加速度计，但主要是利用了加速度计测得的重力加速度部分，与高度解算中利用运动加速度的方法不同。

5.3.1　高度解算

在本小节中，我们使用三阶互补滤波来做高度解算。三阶互补滤波实现数据融合的基本思路是用气压计测得的高度值与滤波器测到的高度值进行比较，将它们的差作为反馈量来修正滤波器的状态。由于该滤波器对加速度、速度和高度进行修正，因此被称为三阶互补滤波。图 5.5 为三阶互补滤波的原理图。三轴加速度计测得的值为机体坐标系下的加速度，将其乘以余弦矩阵可得到地面坐标系下的加速度值，该加速度值包含重力加速度 g，减去重力加速度可得无人机的运动加速度。$error\_h$ 为气压计测得的高度值 h_b 与滤波器计算得到的高度值 h 的差，该差值分别乘以系数 k_1、k_2、k_3 生成对高度、速度和加速度的修正量。

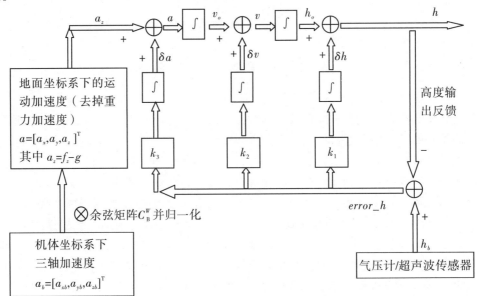

图 5.5　三阶互补滤波原理图

三阶互补滤波可用下面一组方程来描述：

$$\dot{h} = v + k_1(h_b - h)$$
$$\dot{v} = a + k_2(h_b - h) = f_z - g + \delta a + k_2(h_b - h) \quad (5.30)$$
$$\dot{\delta a} = k_3(h_b - h)$$

这三个微分方程分别给出了高度、速度和加速度随时间的变化率，其中 h、v、a 分别为滤波器得到的高度、速度和加速度。h_b 为气压计测量的高度值。f_z 为三轴加速度计测得的值（机体坐标系）转换到地面坐标系后在 z 轴的分量。g 为重力加速度，$f_z - g$ 即是去掉重力加速度后的运动加速度值。δa 为计算得到的加速度的误差值。k_1，k_2，k_3 为三个常量因子，可由下列公式得到：

$$
\begin{aligned}
k_1 &= 3/\tau \\
k_2 &= 3/\tau^2 \\
k_3 &= 1/\tau^3
\end{aligned}
\tag{5.31}
$$

其中，τ 为时间常数。

下面给出具体的实现步骤：

（1）计算气压计测得的高度值与滤波器得到的高度值的差：

$$error\_h = h\_b - h$$

（2）计算加速度误差的变化率 δa：

$$rate\_delta = k_3 \times error\_h$$

（3）$\dot{\delta a}$ 对时间积分，得到 δa，dt 为时间间隔：

$$delta = delta + rate\_delta \times dt$$

（4）对加速度计得到的加速度进行修正得到 $\dot{v}_z$：

$$rate\_v_z = acc\_z + k_2 \times error\_h + delta$$

（5）$\dot{v}_z$ 对时间积分，得到 v_z：

$$v_z = v_z + rate\_v_z \times dt$$

（6）对 v_z 进行修正，得到 $\dot{h}$：

$$rate\_h = v_z + k_1 \times error\_h$$

（7）$\dot{h}$ 对时间积分，得到 h：

$$h = h + rate\_h \times dt$$

（8）重复前面 7 个步骤。

从上述步骤来看，对于每一次循环，高度、速度、加速度均得到了修正。如果将气压计换成超声波传感器，上述步骤依然适用。

5.3.2 双闭环高度控制

与姿态控制相似，高度控制也采取双闭环的方式，见图 5.6。

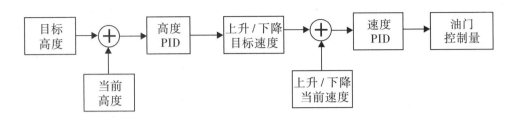

图 5.6　双闭环 PID 高度控制框图

外环为高度 PID 控制，它通过目标高度和当前高度的差值，得出无人机在 z 轴方向的上升/下降目标速度。当前高度来自加速度计和气压计/超声波传感器的数据融合。内环为上升/下降速度 PID 控制，其输入量为目标速度与当前速度的差，其中目标速度由高度 PID 模块提供，当前速度与当前高度一样，也是来自加速度计和气压计/超声波传感器的数据融合。速度 PID 的输出是油门控制量，通过调整油门的大小，控制无人机上升或下降，达到目标高度。

5.4　位置解算与控制

无人机位置解算的目的是知道无人机在什么地方，即无人机的定位，通常分自主定位和非自主定位两大类。非自主定位是指无人机要借助本身以外的装置，如 GPS 等进行定位，这种定位方式一般用于室外；对于室内环境，由于 GPS 信号弱或接收不到，因此需要借助自身携带的传感器来进行定位，如光流模块等。激光雷达也用于室内定位，但由于它是通过测量与周围障碍物的距离来推算位置，因此更多地应用于机器人等在地面行走的设备。

5.4.1　室外 GPS 位置解算

室外无人机位置信息主要来自 GPS 模块。GPS 位置解算的主要任务是将 GPS 模块获得的当前无人机所在的经度和纬度，即地理坐标系下的坐标，转换为第 2 章定义的地面坐标系下的 x、y 坐标。地理坐标系是球面坐标系，坐标单位是经纬度，地面坐标系的 xy 面是一个平面，因此这两个坐标系之间的转换实质上是将球面投影到平面的过程，投影过程会有变形，但在尺度不大的情况下可以忽略不计。

图 5.7 为地理坐标系的示意图，角度 λ 和 φ 分别是经度和纬度。假设无人机在飞行时的经纬度变化量分别是 $\Delta\lambda$ 和 $\Delta\varphi$，那么对应的 NED 地面坐标系（x 指向北，y 指向东）的 Δx 和 Δy 分别是：

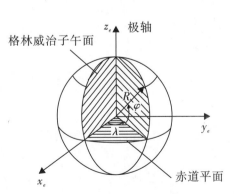

图 5.7　地理坐标系

$$\Delta x = \Delta\varphi \cdot R$$
$$\Delta y = \Delta\lambda \cdot R\cos\varphi \tag{5.32}$$

其中，$\Delta\varphi$、$\Delta\lambda$ 分别是无人机飞过的纬度和经度的变化量，单位是弧度。Δx、Δy 分别为地面坐标系下无人机向北和向东飞行的距离，R 为地球的半径。

5.4.2　室内光流位置解算

在室内无 GPS 信号的环境下，通常使用光流模块测量无人机水平方向的位移。光流模块是一种基于视觉的位移传感器，包括摄像头和光流主板，如图 5.8 所示。有些光流模块带有超声波测高装置，可将测得的像素位移直接转换为实际的距离。

摄像头安装在无人机的底部，拍摄的是无人机垂直向下的画面，安装时要尽量保证镜头的水平，且光流模块的轴与机体坐标系的轴保持重合。摄像头拍摄到的画面传入光流主板，通过主板上的光流计算，获得无人机水平方向（X 和 Y 方向）位移的信息。

光流模块测量位移的原理在第 4 章已经给出，它输出的 X 和 Y 方向的位移是像素位移 $flow_x$ 和 $flow_y$，要想得到实际空间的位移，需经过一定的转换。图 5.9 为相机的投影模型，O 点为相机的中心点，是相机坐标系的中

图 5.8　光流模块

心，Z 轴是相机的光轴，f 是相机的焦距。O_1 是图像平面坐标系的中心点。Q 为实际空间中的点，Z 对应无人机飞行的高度。q 是 Q 在图像平面上的成像点。根据此投影图，将 Z 换成高度 h 可得到像素位移和实际位移之间的关系：

$$\Delta X = \frac{h}{f}\Delta x = \frac{h\,d_x}{f}flow_x$$
$$\Delta Y = \frac{h}{f}\Delta y = \frac{h\,d_y}{f}flow_y \tag{5.33}$$

其中，$flow_x$、$flow_y$ 为光流模块输出的像素位移，d_x、d_y 为像素的物理尺寸，Δx、Δy 为实际的位移。

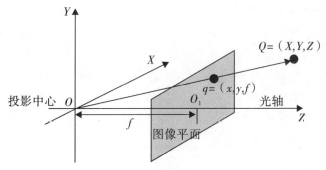

图 5.9　相机投影模型

光流模块输出的是每相邻帧之间的位移，通过累加可得到无人机总的位移量，从而确定无人机的位置。

5.4.3 位置控制

位置控制也采用双闭环 PID 的方式，即距离 PID 和速度 PID 控制。与高度控制不同的是，位置控制离不开姿态控制，因此加上姿态控制的两个 PID 环，完整的位置控制需要四个 PID 环才能完成。

图 5.10 为 PID 位置控制框图，其中姿态控制部分与 5.2.2 节所讲的内容相同，分角度控制和角速度控制，只是此时的目标欧拉角由速度 PID 提供。图中所示距离包括前后距离和左右距离，即机体坐标系下的 X 方向和 Y 方向距离。当前距离由 GPS 经纬度数据或光流 XY 轴位移数据转换为实际空间距离得到，也可将这些数据与偏航角数据/加速度计数据进行融合得到，当前速度由 GPS 东向北向速度或光流 XY 轴速度数据经坐标转换后得到，同样也可以与偏航角数据/加速度计数据进行融合得到。

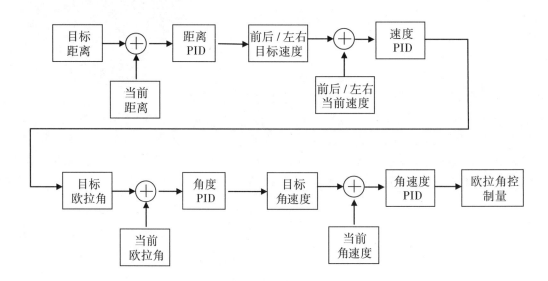

图 5.10 PID 位置控制框图

我们以一个具体的例子来说明前后距离和左右距离是如何获得的。在图 5.11 中，假设当前无人机处于 O 点，目标位置为 A 点，那么无人机应该向东飞行 Δx 的距离，向北飞行 Δy 的距离，这一距离可以通过经纬度的差值换算得到，见式（5.32）。如果当前无人机机头的方向朝向正北，即偏航角 $\psi = 0$，那么 Δx 和 Δy 即为无人机的左右距离和前后距离。但是当无人机的偏航角 ψ 不为 0 时，则需要经过转换才可得到无人机前后和左右的距离，具体转换的方法请参照第 2 章坐标变换部分，此处直接给出结果：

$$\Delta x_{\mathrm{B}} = \Delta x \cos \psi - \Delta y \sin \psi$$
$$\Delta y_{\mathrm{B}} = \Delta x \sin \psi + \Delta y \cos \psi$$

（5.34）

　　式（5.34）中 Δx_B 和 Δy_B 即为无人机的左右距离和前后距离。在第 2 章中我们知道，无人机做前后飞行时需依靠俯仰（Pitch）运动，而左右飞行依靠横滚（Roll）运动，因此我们也可以把无人机的前后距离称为 Pitch 距离，将左右距离称为 Roll 距离。位置控制即是以当前的 Pitch 距离和 Roll 距离为起点，经过距离 PID、速度 PID、角度 PID 和角速度 PID，最终输出欧拉角控制量，该控制量作用于飞行执行部件，调整无人机的欧拉角，使得无人机朝向目标位置飞行。

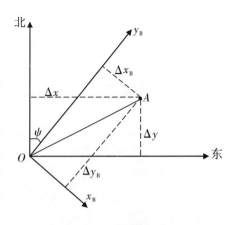

图 5.11　距离的转换

　　在本章中，我们介绍了无人机的各种解算和控制算法，值得一提的是，无论是姿态还是高度、位置等解算和控制，可以采用的算法还有很多。同时需要说明的是，我们在某一章节中介绍的算法，不仅仅是用于该功能，比如姿态解算中介绍的互补融合算法，不仅可以用于姿态解算，还可以用于高度解算等，实际应用中，应根据需求和具体实践来选用不同的算法。

第6章 无人机硬件设计及软件实现

6.1 概述

无人机在民用领域主要分为行业级、消费级和玩具级。不同的应用级别对无人机的功能、稳定性和安全性有着不同量级的要求，对应地，不同级别的无人机在软硬件设计方面也是有非常大的区别。我们可以对各等级民用无人机的特点和差异有个初步的认识，注意，表6.1中仅列举三种典型类型的无人机，并不囊括所有的无人机分类。

表6.1 各等级民用无人机的特点和差异

民用无人机市场定位		行业级	消费级	玩具级
主要应用场景		环保、测绘、植保、安防、应急、电力等	娱乐、高清航拍	娱乐、练习、简单航拍
市场价格		大于30 000元	7 000～10 000元	200元以下
轴距		大于600 mm	350 mm	60 mm
起飞重量		6 145 g	1 236 g	20 g
硬件系统	CPU主控	高性能CPU，图像处理和飞控共用	STM32F3系列	51内核或M0系列小容量单片机
	IMU传感器	多冗余IMU与指南针备份，支持双天线测向，工业级ADI陀螺仪等	单IMU和指南针，常规MPU系列陀螺仪	单陀螺仪，MPU或ST低价位陀螺仪等
	GPS	GPS/GLONASS双模	GPS/GLONASS双模	无
	RTK	提供D–RTK获取厘米级位置及高度信息	无	无
	辅助传感器（室内悬停、避障等）	红外、超声波、多目视觉	超声波、单目视觉	无
	动力系统硬件	使用无刷电机，支持电子调速器	使用无刷电机，支持电子调速器	使用空芯杯马达，不支持电子调速器

（续上表）

民用无人机市场定位		行业级	消费级	玩具级
硬件系统	遥控	2.4 GHz/5.8 GHz, 8 km	2.4 GHz, 1 km; 5.8 GHz, 4 km	2.4 GHz, 100 m
	图传系统	高清影像 4K, 距离 8 km	高清影像 4K, 距离 4 km	50 m, 720p
	外挂或平台拓展	搭载计算机、无刷增稳云台及第三方高端电子吊舱, 热成像相机, 30 光学变焦专业相机仪器等负载设备	无刷增稳云台, 第三方空芯杯二轴简易云台, 舵机云台等	无
软件功能	飞行特性	最大上升速度 5 m/s, 最大下降速度 3 m/s, 最大水平飞行速度 22 m/s	最大上升速度 5 m/s, 最大下降速度 3 m/s, 最大水平飞行速度 16 m/s	最大上升速度 1 m/s, 最大下降速度 1 m/s, 最大水平飞行角度 35°
	飞行模式	室内室外定高定点飞行、作业航线规划、地图导航飞行、自动返航等	室内室外定高定点飞行、兴趣点环绕、跟随、航点飞行、无头模式、自动返航等	仅支持室内定高飞行、一键翻滚、无头模式等
	保护机制	视觉红外避障、电子围栏、禁飞区、低电/失联返航等	电子围栏、禁飞区、低电/失联返航等	低电降落、翻机停机等
	黑匣子功能（航迹回放, 故障分析）	支持	支持	不支持

从表 6.1 上看, 由于市场定位不同, 无人机的硬件设计和具有的功能及性能都会有所不同。同时, 由于成本和技术难度的不同, 市场定价也存在差距。越是趋于行业级, 无人机硬件选型越严格, 冗余设计越全面, 安全性越高, 软件功能越强大, 设备也越昂贵。以拍照和录像功能为例, 行业级无人机搭载的设备往往比较高端且昂贵, 对硬件的安全性能要求更高, 例如搭载热成像设备, 30 倍变焦 4K 高清相机设备等, 这些设备造价往往高于无人机, 而且由于设备工作时对硬件的干扰也比较大, 需要更优秀的传感器数据和稳健的飞控算法, 这又对软硬件的选型提出了要求。而消费级无人机, 搭载的一般为以航拍为主的设备, 廉价的有空芯杯云台、舵机云台, 或直接搭载固定相机, 分辨率在 720P 和1 080P 居多, 这些设备价格较低, 控制难度低, 对硬件和软件要求较少。而最低级别的玩具级四轴无人机一般是机身内置微型相机, 分辨率在 720P 居多, 对硬件和软件几乎没有特殊要求。可见, 市场定位和场景应用决定了无人机需要具备的功能和性能, 而功能决定了硬件的多样性和软件的复杂度, 性能决定了硬件的指标要求、冗余设计和软件算法。而更多样和可靠的硬件也决定了软件功能设计的丰富性及复杂算法运行的可行性。总而言之, 市场定位和场景应用决定软硬件, 而软件与硬件相辅相成、相互约束。

对于主控的选型，从表6.1看，行业级无人机都会采用高性能的CPU兼容对图像信号的处理以及承担飞控功能任务和算法的运行，对主控芯片的运行速度及容量会有高要求，方便大数据量和复杂运算的处理。本章以OBP8005B无人机软硬件设计为基础进行展开描述。OBP8005B无人机的软硬件设计是以消费级无人机的定位来设计的。由于飞控不涉及复杂的图像信号处理，以及不具备黑匣子功能对文件系统的依赖，故对CPU性能的要求主要是提供足够的外设接口与传感器通信，或由飞控算法运算的速度和容量来决定CPU性能。通过对上表消费级无人机的性能分析，我们选择了低于STM32F4系列高于51系列的昂宝自主研发的M0内核系列单片机作为飞控的主控IC，满足我们的设计要求。

而对于传感器的选型，包括IMU传感器（包括陀螺仪、加速度计、磁力计、气压计）、超声、视觉、GPS模组等，由表6.1我们可以看到，在高端消费级和行业级应用中，传感器会采用工业级元器件如ADI模拟陀螺仪等，视觉会使用多目融合的软硬件设计，GPS使用双模，并支持拓展RTK定位。这样的选型主要是提高无人机工作的稳定性，增强抗干扰能力。而在玩具级应用中，我们看到的是常规的消费级元器件，如MPU6500等以及其他较廉价的陀螺仪，视觉会采用单目视觉或光流传感器来实现。

OBP8005B无人机是一款高性能、高稳定性、可灵活扩展且具有强大二次开发空间的专业科教二次开发四旋翼飞行平台，适用于科教、商业、个人娱乐等领域。它由飞行控制器、动力系统、IMU模块、MAG模块、GPS模块、气压计模块、超声波模组、光流模组、1 080P高清WIFI图传、2D增稳云台、遥控器、可充电锂电池以及OB Drone App（简称OB App）组成。具体的硬件组成系统框图如图6.1所示。遥控器和智能设备App通过2.4GHz RF和5.8GHz WIFI与无人机进行无线通信，各个传感器和飞控模组之间通过IIC或Uart串口进行通信。电机采用无刷电机，主控通过电调驱动模组对电机进行控制。

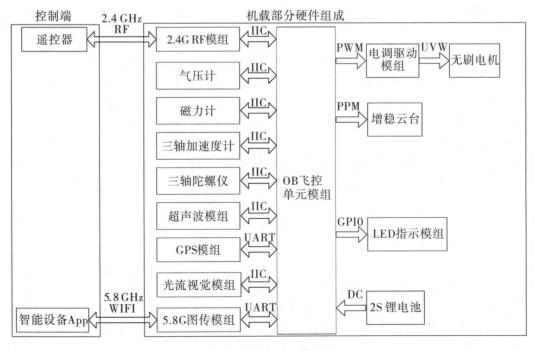

图6.1　硬件组成系统框图

软件方面，OBP8005B 无人机目前所承载软件的主控 MCU 主频为 48 MHz，FLASH 64 KB，SRAM 8 KB。总程序大小 45 KB 左右。可实现气压计定高、超声波定高、GPS 定点、光流定点、手控飞行、一键返航、低电返航、失控返航、智能航点飞行、划线飞行、GPS 热点跟随、智能环绕飞行、自动起降、无头模式飞行等功能。

软件组成系统框图如图 6.2 所示，系统包括底层驱动、校准通信、传感器驱动、姿态解算、高度解算、惯性导航、控制函数等模块。本章将以各个功能模块为主线进行介绍，包括姿态控制、定高定点控制等，并配以大量实例代码供读者参考。

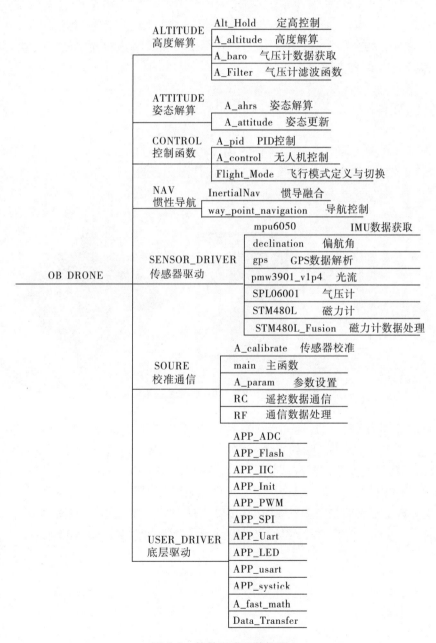

图 6.2　软件组成系统框图

6.2 姿态控制

从前面章节我们知道，无人机姿态描述方式有四元数、欧拉角、轴角等，而无人机姿态的获取不能够通过单个传感器直接得到，而需要融合多个传感器的数据，进行综合计算得到，这个过程叫做姿态解算，这也是无人机姿态控制的基础和核心。在多旋翼飞行器中常使用的是一种基于 IMU 的惯性导航系统。IMU 包含陀螺仪、加速度计及数字运动处理器（Digital Motion Processor，简称 DMP）。在已知无人机初始姿态和位置情况下，可以通过 IMU 测得的数据，结合第 5 章介绍的姿态解算算法，得到无人机当前姿态（四元数）。本节将主讲基于 IMU 的姿态解算和控制。

6.2.1 硬件

在 OBP8005B 无人机中，我们使用的 IMU 芯片为 6 轴的 MPU6050 系列，图 6.3 是基于 MPU6050 的惯性测量模块，左图为其 PCB 设计图，右图为其实物照片。

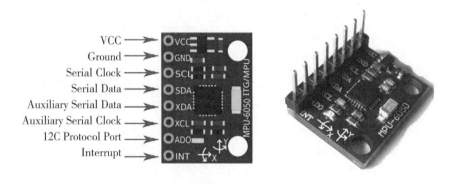

图 6.3 基于 MPU6050 的惯性测量模块

MPU6050 包含陀螺仪、加速度计，以及一个可扩展的 DMP。MPU6050 有两种输出方式：一种是直接输出两种传感器的原始数据，但不进行四元数解算；另一种是利用内嵌的 DMP 解算后，输出四元数，其应用见图 6.4。由于内嵌 DMP 的四元数解算是固定的且解算相对简单，并因为无人机控制也需要获得陀螺仪数据与磁力计数据融合计算，因此 OBP8005B 无人机采用的是由 MPU6050 直接输出的 6 轴原始数据，状态的解算任务交给计算能力更强的、程序可控的飞控 MCU（采用昂宝自研产品 OB90A64M1U48VP）。

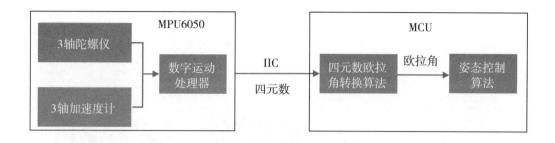

图 6.4　MPU6050 中 DMP 参与的姿态解算流程图

提醒读者注意的是：MPU6050 的 6 轴数据解算得到的欧拉角是一个过程量，但无人机的飞行姿态，是需在初始状态基础上，经过一个个过程量积累得到。初始状态一般定义为飞机起飞前，其俯仰角、横滚角、偏航角均为 0°。实际应用中常借助磁力计的数据来确切得到初始状态时的偏航角。磁力计规定正北为 0°，正东为 90°。

由于 MPU6050 提供 IIC 的输入端口，常将磁力计串联在此接口。图 6.5 为一个典型串联型无人机姿态控制数据流，其中，MPU6050 通过 IIC 外接一个 3 轴磁力计（ST480ML）实现 9 轴输出，再通过 IIC 输入飞控 MCU 进行滤波、数据融合、姿态解算、姿态 PID 控制等。当然市面有集成了 3 轴磁力计的 9 轴输出芯片 MPU9250，感兴趣的读者可以自行查阅。

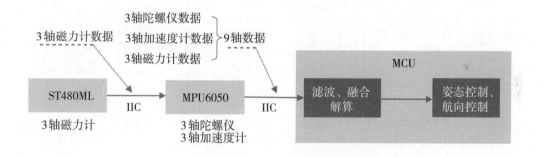

图 6.5　串联型无人机姿态控制数据流

由于飞控 MCU 可以通过 IIC 协议直接输入，实际应用中，很多 IIC 输出的传感器均直接连接到飞控 MCU，实现并联接入飞控 MCU，这种连接方式的好处是：一个传感器出问题不会影响其他数据。如图 6.6 所示，图中磁力计数据不再经过 MPU6050，而是直接通过 IIC 接口送到飞控 MCU。OBP8005B 无人机采用的正是此种并联型无人机姿态控制。

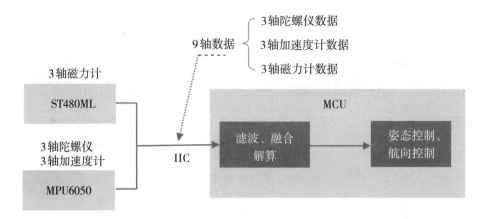

图 6.6　并联型无人机姿态控制数据流

图 6.7 是 OBP8005B 无人机飞控设计中，涉及 IMU 芯片 MPU6050A 与磁力计芯片 ST480ML 的具体电路图。

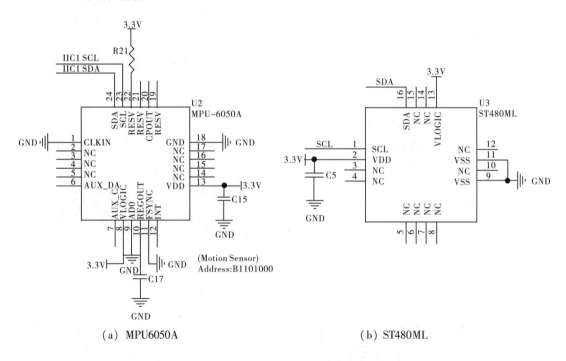

（a）MPU6050A

（b）ST480ML

图 6.7　OBP8005B 无人机姿态控制芯片电路图

MPU6050A 和 ST480ML 均支持 IIC 接口进行数据通信。IIC 接口是一个二线串行接口，包括串行数据线（SDA）和串行时钟线（SCL）。连接到 IIC 接口的设备可以是主设备（Master），也可以是从设备（Slave），主设备将 Slave 地址传送至总线上，从设备将该地址与自身地址进行匹配从而识别出主设备。

对于当前的应用来说，飞控 MCU 为主设备，MPU6050A 和 ST480ML 均为从设备。MPU6050A 的 Slave 地址为 B110100X，最后一位 X 取决于引脚 AD 0 的电平值，如果像图中将 AD0 接到地，则地址为 B1101000。

6.2.2　软件

无人机姿态控制方面涉及的算法有传感器数据的滤波算法、各传感器之间的数据融合算法、姿态解算算法、飞行姿态 PID 控制算法等。前面第 5 章对各算法都已有详尽介绍，本节将主讲各算法的软件实现，更加全面的算法请访问昂宝公司官网。

1. 滑动平均滤波

传感器采集的信号经常会受到一些随机的干扰，从而使数据存在误差，这些随机干扰通常是一些高频信号，采用低通滤波可以有效抑制干扰成分。数字低通滤波器是用软件的方式滤除干扰信号。低通滤波器典型的频率特性如图 6.8 所示，其中横坐标为频率，纵坐标为输出信号和输入信号的比值。可以看出它具有通低频、阻高频的特性。对于低频信号，输出输入的比值近似于 1，即低频信号可以不加衰减地通过该滤波器。而频率增加到一定值时，滤波器会对其产生抑制的作用，当输出降至输入的 $\frac{1}{\sqrt{2}}$ 时，对应的频率我们称之为截止频率 f_L。

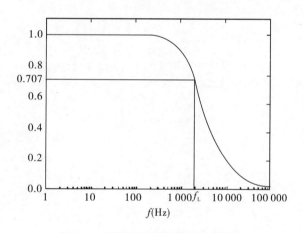

图 6.8　低通滤波器的典型频率特性

滑动平均滤波是一种低通滤波，它能滤掉高频的噪声，对随机噪声的去除效果良好。它采用滑动窗口的方式，对窗口内的数据取平均值。它的数学表达式为：

$$y(k) = \frac{1}{N} \sum_{i=0}^{N-1} x(k+i)$$

其中，x 为滤波前数据，y 为滤波后数据，N 为窗口大小。$y(k)$ 是由 $x(k)$ 至 $x(k+N-1)$ 共 N 个数据求平均得到，每计算完一个 y 值，窗口向后移一个数据，也就是说有一个新的数据被包含进来，同时原本排在最前面的那个数据被排除在外，依然保持 N 个数据在窗口中，再对这 N 个数据求平均值，就可以得到一个新的 y 值。图 6.9 给出了窗口长度为 3 的一个示例。

$x(1)$	$x(2)$	$x(3)$	$x(4)$	$x(5)$	$x(6)$	$x(7)$	$x(8)$	$y(1) = [x(1) + x(2) + x(3)]/3$
$x(1)$	$x(2)$	$x(3)$	$x(4)$	$x(5)$	$x(6)$	$x(7)$	$x(8)$	$y(2) = [x(2) + x(3) + x(4)]/3$
$x(1)$	$x(2)$	$x(3)$	$x(4)$	$x(5)$	$x(6)$	$x(7)$	$x(8)$	$y(3) = [x(3) + x(4) + x(5)]/3$
$x(1)$	$x(2)$	$x(3)$	$x(4)$	$x(5)$	$x(6)$	$x(7)$	$x(8)$	$y(4) = [x(4) + x(5) + x(6)]/3$

图 6.9　滑动平均滤波算法示意图

滑动平均滤波的截止频率与 N 的取值有关，N 越大，截止频率越低，N 的取值和截止频率的关系可以表示为：

$$N = 0.443 f_{S}/f_{L}$$

其中 f_{S} 为采样频率，f_{L} 为截止频率。

滑动平均滤波在具体实现时，为了减少计算量，在计算窗口内 N 个数据总和时，会在前一次求和的基础上，减去排在最前面的那个数据，再加上新包含进来的数据。具体流程见图 6.10。

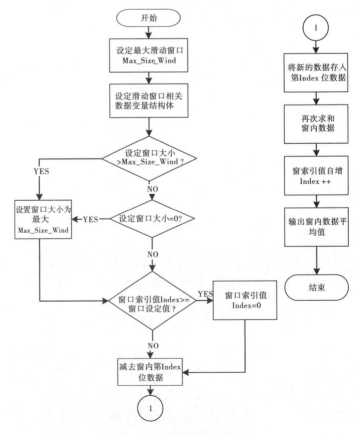

图 6.10　滑动平均滤波流程

以下是与流程图对应的程序代码，该函数有两个输入参数，第一个参数是一个 MoveAvarageFilter_Struct 类型的指针，指向一个结构体，该结构体包含了当前滤波窗口的信息，第二个参数为新测得的数据。该函数的功能是根据新测得的数据，移动滤波窗口，更新滤波窗口的信息，返回值为更新后滤波窗口中数据的平均值。

```
1.  //滑动平均函数
2.  float MoveAvarageFilter(MoveAvarageFilter_Struct* filter,float data)
3.  {
4.      if((filter->Num_Wind>Max_Size_Wind)||(0==filter->Num_Wind))
5.      {
6.          filter->Num_Wind=Max_Size_Wind;
7.      }
8.      if(filter->Index>=filter->Num_Wind)
9.      {
10.         filter->Index=0;
11.     }
12.     filter->Sum-=filter->Wind[filter->Index];  //Sum中去掉最前面的数据
13. filter->Wind[filter->Index]=data;    //用新测得的数据替换最前面的数据
14.     filter->Sum+=filter->Wind[filter->Index];  //Sum中加入新测得的数据
15.     filter->Index++;        //调整最前面数据对应的索引值
16.
17.     return filter->Sum/filter->Num_Wind;
18. }
```

MoveAvarageFilter_Struct 结构体的定义如下：

```
1.  typedef struct
2.  {
3.      float Num_Wind;//滑窗大小
4.      uint8_t Index;
5.      float Sum;
6.      float Wind[Max_Size_Wind];
7.  }MoveAvarageFilter_Struct;
```

在结构体的成员中，数组 Wind 存放当前窗口的数据，Num_Wind 为窗口大小，Index 为窗口中最前面数据的索引值，Sum 为当前窗口中数据的总和。为了减少计算量，Wind 中存放的数据不是按照数据的先后顺序存放的，而是每次有新数据进来的时候，只去掉窗口中最前面的一个数据（下标为 Index 的数据），并由新的数据替代，这样每次只需要更新一个数据，避免了数据的移位操作。对于求和计算，只需要在上一次求和的结果中去掉一个旧的数据，再加上一个新的数据即可。

2. 四元数和欧拉角解算

四元数姿态解算的算法在第 5 章已经有所介绍，本实例将给出四元数姿态解算的具体代码实现。陀螺仪和加速度计提供的 6 轴数据以及磁力计测得的数据经融合后用来更新四元数，然后再转化为欧拉角。下面实例程序中包含了数据融合、四元数的更新、欧拉角解算。其解算流程如图6.11所示：

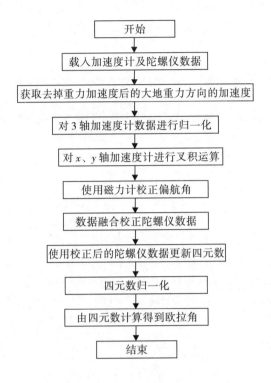

图 6.11　姿态解算流程

下面给出具体的代码。首先给出结构体 IMU_Struct 的定义，该结构体存放与机体姿态相关的量。

```
1.  typedef struct
2.  {
3.      float q0;//四元数变量，初始化为水平：0001
4.      float q1;
5.      float q2;
6.      float q3;
7.      //方向余弦矩阵第3列的三个元素，
8.      //也是重力加速度在三个机体坐标轴上的分量，见式（5.8）
9.      float Matr13;  //2.0f * (q1*q3 - q0*q2);
10.     float Matr23;  //2.0f * (q0*q1 + q2*q3);
11.     float Matr33;  //1.0f - 2.0f*(q1*q1 + q2*q2);
12.
13.     float exInt_Acc;
14.     float eyInt_Acc;
```

```
15.     float ezInt_Acc;
16.
17.     float Kp_Yaw_Mag;
18.     float Ki_Yaw_Mag;
19.     float Kp_Acc;
20.     float Ki_Acc;
21.
22.     float Pitch;//机体 Pitch 角度，单位:0.1°
23.     float Roll;//机体 Roll 角度，单位:0.1°
24.     float Yaw;//机体 Yaw 角度，单位:0.1°
25.     float Acc_Vertical;//去掉重力加速度后的垂直方向加速度
26.
27. }IMU_Struct;
```

其中 q0、q1、q2、q3 为四元数；Matr13、Matr23、Matr33 为方向余弦矩阵R_W^B对应的元素。根据式（5.8）可知，该三个元素值恰好为重力加速度在机体坐标系三个轴上的分量。exInt_Acc、eyInt_Acc、ezInt_Acc 为式（5.12）中的积分项$e_x Int$、$e_y Int$ 和$e_z Int$。Kp_Acc、Ki_Acc 为式（5.12）中加速度计融合的参数 K_i 和 K_p。Kp_Yaw_Mag 和 Ki_Yaw_Mag 为磁力计融合的比例系数和积分系数。Pitch、Roll、Yaw 为欧拉角。Acc_Vertical 为垂直方向运动加速度（去掉重力加速度）。

另一个结构体为 IMU_Data_Struct，它存放与 6 轴数据相关的量。它的定义如下，每个成员的含义见注释。

```
1. typedef struct
2. {
3.      uint8_t Gyro_Cal     : 1;//标识符，校准陀螺仪静差
4.      uint8_t Acc_Cal      : 1;//标识符，校准加速度计静差
5.      uint8_t IMU_Steady   : 1;//标识符，IMU 解算是否稳定
6.      uint16_t Cnt_IMU_Steady;//标识符，IMU 解算是否稳定
7.
8.      int16_t Gyro_Offset[3];//三轴角速度静差
9.      int16_t Acc_Offset[3];//三轴加速度静差
10.
11.     int16_t Acc_Chip[3];//芯片三轴加速度，单位:ADC 采样值
12.     int16_t Acc_Body[3];//机体三轴加速度，单位:ADC 采样值
13.     int16_t Gyro_Chip[3];//芯片三轴角速度，单位:ADC 采样值
14.     int16_t Gyro_Body[3];//机体三轴角速度，单位:ADC 采样值
15.
16.     float Gyro_Speed[3];//机体三轴角速度，单位:1°/s
17.     float Pitch Offset;//Pitch 角度静差
18.     float Roll_Offset;//Roll 角度静差
19.
20. }IMU_Data_Struct;
```

全局变量定义如下：

```
1.  IMU_Data_Struct IMU_Data={0,0,0,0};  //测量获得的6轴数据
2.  IMU_Struct IMU={1,0,0,0,0,0,1,0,0,0};//初始化惯导坐标值
3.
4.
5.  //对加速度数据进行8个点滑动平均滤波
6.  MoveAvarageFilter_Struct Filter_Acc_x={8,0,0,{0}};
7.  MoveAvarageFilter_Struct Filter_Acc_y={8,0,0,{0}};
8.  MoveAvarageFilter_Struct Filter_Acc_z={8,0,0,{0}};
9.
10. //对陀螺仪角速度数据进行4个点滑动平均滤波
11. MoveAvarageFilter_Struct Filter_Gyro_x={4,0,0,{0}};
12. MoveAvarageFilter_Struct Filter_Gyro_y={4,0,0,{0}};
13. MoveAvarageFilter_Struct Filter_Gyro_z={4,0,0,{0}};
```

进行姿态解算的第一步是获得加速度计和陀螺仪的数据：

```
1.  //更新3轴陀螺仪和3轴加速度计数据
2.  void Func_Acc_Gyro_Update(void)
3.  {
4.      //IIC通信获取3轴陀螺仪和3轴加速度数据
5.      IIC_Bytes_Read(Addr_Mpu6050,MPU6050_RA_ACCEL_XOUT_H,SIZE_MPU6050_BUF,Mpu6050_Buf);
6.      //读取加速度计数据
7.      IMU_Data.Acc_Chip[Index_X]=(Mpu6050_Buf[Addr_Acc]<<8)+Mpu6050_Buf[Addr_Acc+ 1];
8.      IMU_Data.Acc_Chip[Index_Y]=(Mpu6050_Buf[Addr_Acc+2]<<8)+Mpu6050_Buf[Addr_Acc+3];
9.      IMU_Data.Acc_Chip[Index_Z]=(Mpu6050_Buf[Addr_Acc+4]<<8)+Mpu6050_Buf[Addr_Acc+5];
10.     //加速度数据offset校准，offset校准完后，重力加速度也被去掉了
11.     IMU_Data.Acc_Chip[Index_X]-=IMU_Data.Acc_Offset[0];
12.     IMU_Data.Acc_Chip[Index_Y]-=IMU_Data.Acc_Offset[1];
13.     IMU_Data.Acc_Chip[Index_Z]-=IMU_Data.Acc_Offset[2];
14.     //对加速度进行滑动滤波
15.     IMU_Data.Acc_Chip[Index_X]=MoveAvarageFilter(&Filter_Acc_x,IMU_Data.Acc_Chi
    p[Index_X]);
16.     IMU_Data.Acc_Chip[Index_Y]=MoveAvarageFilter(&Filter_Acc_y,IMU_Data.Acc_Chi
    p[Index_Y]);
17.     IMU_Data.Acc_Chip[Index_Z]=MoveAvarageFilter(&Filter_Acc_z,IMU_Data.Acc_Chi
    p[Index_Z]);
```

```
18.        //读取陀螺仪角速度数据
19.        IMU_Data.Gyro_Chip[Index_X]=(Mpu6050_Buf[Addr_Gyro]<<8)+Mpu6050_Buf[Addr_Gy
           ro+1];
20.        IMU_Data.Gyro_Chip[Index_Y]=(Mpu6050_Buf[Addr_Gyro+2]<<8)+Mpu6050_Buf[Addr_
           Gyro+3];
21.        IMU_Data.Gyro_Chip[Index_Z]=(Mpu6050_Buf[Addr_Gyro+4]<<8)+Mpu6050_Buf[Addr_
           Gyro+5];
22.        //offset 校准
23.        IMU_Data.Gyro_Chip[Index_X]-=IMU_Data.Gyro_Offset[Index_X];
24.        IMU_Data.Gyro_Chip[Index_Y]-=IMU_Data.Gyro_Offset[Index_Y];
25.        IMU_Data.Gyro_Chip[Index_Z]-=IMU_Data.Gyro_Offset[Index_Z];
26.        //对陀螺仪角速度进行滑动滤波
27.        IMU_Data.Gyro_Chip[Index_X]=MoveAvarageFilter(&Filter_Gyro_x,IMU_Data.Gyro_
           Chip[Index_X]);
28.        IMU_Data.Gyro_Chip[Index_Y]=MoveAvarageFilter(&Filter_Gyro_y,IMU_Data.Gyro_
           Chip[Index_Y]);
29.        IMU_Data.Gyro_Chip[Index_Z]=MoveAvarageFilter(&Filter_Gyro_z,IMU_Data.Gyro_
           Chip[Index_Z]);
30.
31.        //坐标系转换
32.        //根据 MPU6050A 的摆放位置确定 Pitch/Roll/Yaw 和 X/Y/Z 轴的对应关系
33.        IMU_Data.Acc_Body[Index_Pitch]=IMU_Data.Acc_Chip[Index_X];
34.        IMU_Data.Acc_Body[Index_Roll]=IMU_Data.Acc_Chip[Index_Y];
35.        IMU_Data.Acc_Body[Index_Yaw]=IMU_Data.Acc_Chip[Index_Z];
36.        IMU_Data.Acc_Body[Index_Yaw]+=Rang_ACCEL_Setting;//补充机体重力加速度
37.
38.        IMU_Data.Gyro_Body[Index_Pitch]=IMU_Data.Gyro_Chip[Index_X];
39.        IMU_Data.Gyro_Body[Index_Roll]=IMU_Data.Gyro_Chip[Index_Y];
40.        IMU_Data.Gyro_Body[Index_Yaw]=IMU_Data.Gyro_Chip[Index_Z];
41.
42.        //ADC 值转换为角速度真实值，单位:1°/s
43.        IMU_Data.Gyro_Speed[Index_Pitch]=(float)IMU_Data.Gyro_Body[Index_Pitch]*TH_
           SPEED_GYRO_Setting;
44.        IMU_Data.Gyro_Speed[Index_Roll]=(float)IMU_Data.Gyro_Body[Index_Roll]*TH_SP
           EED_GYRO_Setting;
45.        IMU_Data.Gyro_Speed[Index_Yaw]=(float)IMU_Data.Gyro_Body[Index_Yaw]*TH_SPEE
           D_GYRO_Setting;
46. }
```

　　读取到的 3 轴陀螺仪和 3 轴加速度计数据经过校准、滑动平均滤波、单位变换等处理后，得到的 3 轴加速度和 3 轴角速度分别存于 IMU_Data. Acc_Body 和 IMU_Data. Gyro Speed 中。函数 IMU_Update 则是利用测得的 6 轴数据以及磁力计数据，进行无人机姿态的更新。无人机姿态体现在全局变量 IMU 中，因此，IMU_Update 函数是根据 6 轴数据和磁力计数据更新 IMU 变量的过程。

```
1.   //Acc_Acc:三轴加速度计数据，单位:ADC 采样值
2.   //Speed_Gyro:三轴角速度数据，单位:1°/s
3.   //Angle_Yaw_Mag:地磁偏角，单位:0.1°
4.
5.   void IMU_Update(int16_t *Acc_Acc,float *Speed_Gyro,float Angle_Yaw_Mag,uint
     8_t flag_Mag_enable)
6.   {
7.       float norm;
8.       float ex;
9.       float ey;
10.      float temp_q[4];
11.
12.      float Gyro_x,Gyro_y,Gyro_z;
13.      float Acc_x,Acc_y,Acc_z;
14.      float Err_Yaw;
15.      //加速度计获得机体坐标系三轴加速度值 Acc_x，Acc_y，Acc_z
16.      Acc_x=Acc_Acc[Index_Pitch];
17.      Acc_y=Acc_Acc[Index_Roll];
18.      Acc_z=Acc_Acc[Index_Yaw];
19.      //陀螺仪获得机体坐标系三轴角速度值 Gyro_x，Gyro_y，Gyro_z
20.      Gyro_x=Speed_Gyro[Index_Pitch]*ANGLE180_TO_RADIAN;
21.      Gyro_y=Speed_Gyro[Index_Roll]*ANGLE180_TO_RADIAN;
22.      Gyro_z=Speed_Gyro[Index_Yaw]*ANGLE180_TO_RADIAN;
23.
24.      //在锁机情况下一直使用大比例的融合系数
25.      //Kp_Acc,Ki_Acc:加速度计融合的比例和积分系数
26.      //Kp_Yaw_Mag,Ki_Yaw_Mag:磁力计融合的比例和积分系数
27.      if(Drone_Status.Lock)
28.      {
29.          IMU.Kp_Acc=Kp_Acc_fast;
30.          IMU.Ki_Acc=Ki_Acc_fast;
31.          IMU.Kp_Yaw_Mag=Kp_Yaw_Mag_big;
32.          IMU.Ki_Yaw_Mag=Ki_Yaw_Mag_big;
33.      }
34.      else
35.      {
36.          if(IMU.Ki_Acc==Ki_Acc_fast)
37.          {
```

```
38.                    IMU.exInt_Acc=0;
39.                    IMU.eyInt_Acc=0;
40.                    IMU.ezInt_Acc=0;
41.              }
42.              IMU.Kp_Acc=Kp_Acc_slow;
43.              IMU.Ki_Acc=Ki_Acc_slow;
44.              IMU.Kp_Yaw_Mag=Kp_Yaw_Mag_slow;
45.              IMU.Ki_Yaw_Mag=Ki_Yaw_Mag_slow;
46.          }
47.          //获取重力方向的加速度
48.          norm=(IMU.Matr13*Acc_x+IMU.Matr23*Acc_y+IMU.Matr33*Acc_z);
49.          IMU.Acc_Vertical=norm-Rang_ACCEL_Setting;//去掉重力加速度
50.
51.          //重力加速度归一化
52.          norm=invSqrt(Acc_x*Acc_x+Acc_y*Acc_y+Acc_z*Acc_z);
53.          Acc_x=Acc_x*norm;
54.          Acc_y=Acc_y*norm;
55.          Acc_z=Acc_z*norm;
56.          //误差=两个重力向量的叉乘，式（5.11）
57.          ex=(Acc_y*IMU.Matr33-Acc_z*IMU.Matr23);
58.          ey=(Acc_z*IMU.Matr13-Acc_x*IMU.Matr33);
59.          //积分项，式（5.12）中的 exInt,eyInt
60.          IMU.exInt_Acc+=ex*IMU.Ki_Acc;
61.          IMU.eyInt_Acc+=ey*IMU.Ki_Acc;
62.
63.          if(flag_Mag_enable)
64.          {
65.              //使用磁力计校正偏航角
66.              norm=To_180_degrees(Angle_Yaw_Mag-IMU.Yaw);
67.              if(IMU.Kp_Yaw_Mag==Kp_Yaw_Mag_slow)
68.              {
69.                  //根据角度误差以及飞机处于静态还是动态状态实时调整 Kp_Yaw_Mag 取值
70.                  if((0!=Target_Drone_Yaw_Speed)||(0==Drone_Status.Flying))//角速
     度单环控制时增大角度误差融合系数
71.                  {
72.                      IMU.Kp_Yaw_Mag=func_abs_float(norm)*0.004f-0.01f;
73.                      IMU.Kp_Yaw_Mag=LIMIT(IMU.Kp_Yaw_Mag,Kp_Yaw_Mag_slow,0.4f);
74.                  }
75.                  else//飞机动态时减小角度误差融合系数，以角速度积分为主
```

```
76.                {
77.                    IMU.Kp_Yaw_Mag=Kp_Yaw_Mag_slow;
78.                }
79.            }
80.            //Err_Yaw:偏航角误差*磁力计融合系数
81.            Err_Yaw=IMU.Kp_Yaw_Mag*norm*ANGLE180_TO_RADIAN;
82.        }
83.        else
84.        {
85.            Err_Yaw=0;
86.        }
87.
88.        //用 ex,ey,Err_Yaw 修正角速度
89.        Gyro_x=Gyro_x-IMU.Matr13*Err_Yaw+IMU.Kp_Acc*ex+IMU.exInt_Acc;
90.        Gyro_y=Gyro_y-IMU.Matr23*Err_Yaw+IMU.Kp_Acc*ey+IMU.eyInt_Acc;
91.        Gyro_z=Gyro_z-IMU.Matr33*Err_Yaw;
92.
93.        //四元数更新，式(5.5)
94.        temp_q[0]=IMU.q0;
95.        temp_q[1]=IMU.q1;
96.        temp_q[2]=IMU.q2;
97.        temp_q[3]=IMU.q3;
98.
99.        IMU.q0=temp_q[0]+(-temp_q[1]*Gyro_x-temp_q[2]*Gyro_y-temp_q[3]*Gyro_z)*
    halfT;
100.       IMU.q1=temp_q[1]+(temp_q[0]*Gyro_x+temp_q[2]*Gyro_z-temp_q[3]*Gyro_y)*h
    alfT;
101.       IMU.q2=temp_q[2]+(temp_q[0]*Gyro_y-temp_q[1]*Gyro_z+temp_q[3]*Gyro_x)*h
    alfT;
102.       IMU.q3=temp_q[3]+(temp_q[0]*Gyro_z+temp_q[1]*Gyro_y-temp_q[2]*Gyro_x)*h
    alfT;
103.       //四元数归一化
104.       norm=invSqrt(IMU.q0*IMU.q0+IMU.q1*IMU.q1+IMU.q2*IMU.q2+IMU.q3*IMU.q3);
105.       IMU.q0=IMU.q0*norm;
106.       IMU.q1=IMU.q1*norm;
107.       IMU.q2=IMU.q2*norm;
108.       IMU.q3=IMU.q3*norm;
109.
```

```
110.        // 计算等效重力向量，式（5.8）
111.        IMU.Matr13=2.0f*(IMU.q1*IMU.q3-IMU.q0*IMU.q2);
112.        IMU.Matr23=2.0f*(IMU.q0*IMU.q1+IMU.q2*IMU.q3);
113.        IMU.Matr33=1.0f-2.0f*(IMU.q1*IMU.q1+IMU.q2*IMU.q2);
114.        //由四元数得到欧拉角，式（2.16）
115.        IMU.Pitch=fast_atan2(IMU.Matr23,IMU.Matr33)*M1800_PI;
116.        IMU.Roll=-fast_asin(IMU.Matr13);
117.        IMU.Yaw=fast_atan2(-2.0f*(IMU.q1*IMU.q2+IMU.q0*IMU.q3),2.0f*(IMU.q0*
        IMU.q0+IMU.q1*IMU.q1)-1)*M1800_PI;
118.        IMU.Pitch-=IMU_Data.Pitch_Offset;
119.        IMU.Pitch=To_180_degrees(IMU.Pitch);
120.        IMU.Roll-=IMU_Data.Roll_Offset;
121.        IMU.Roll=To_180_degrees(IMU.Roll);
122. }
```

函数的参数 Acc_Acc 为 3 轴加速度计数据，Speed_Gyro 为三轴角速度数据，Angle_Yaw_Mag 为地磁偏角，flag_Mag_enable 为是否使用磁力计数据的标志，当该参数为 0 时，不使用磁力计修正。注释中已将程序对应的前面章节的公式标出，读者可对照第 2 章和第 5 章相关内容进行程序解读。

3. 飞行姿态 PID 控制

无人机飞行姿态控制包含悬停静止状态、飞行运动状态控制。飞行姿态控制贯穿无人机飞行的全过程。飞行姿态的保持或者调整都需要进行实时控制，飞行姿态控制其实是无人机俯仰角、横滚角、偏航角的控制。双闭环 PID 姿态控制框图可参考图 5.4，在此双闭环控制中，外环 PID 是三轴欧拉角角度闭环控制，内环是 3 轴角速度闭环控制。其姿态 PID 算法流程如图 6.12 所示。

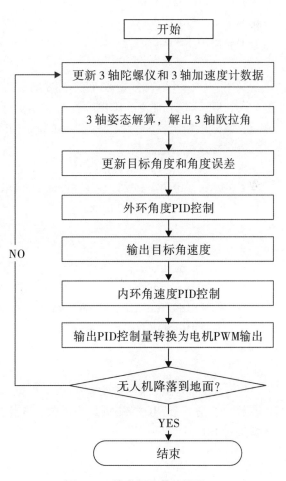

图 6.12　姿态 PID 算法流程

首先给出结构体 PID_Struct 的定义：

```
1.  typedef struct
2.  {
3.      float err;
4.      float preverr;
5.      float kp;
6.      float ki;
7.      float kd;
8.      float integ;
9.      float ioutlimit;
10.     float out;
11.     float outlimit;
12.     float pout;
13.     float iout;
14.     float dout;
15. }PID_Struct;
```

其中 preverr 和 err 分别表示前一时刻和当前时刻的误差，即目标值和测量值之间的差。kp、ki、kd 分别表示比例、积分、微分系数，pout、iout、dout 分别表示比例项、积分项、微分项输出，out 为总输出。ioutlimit 和 outlimit 分别为积分项限幅和总输出限幅。

PID 参数初始化函数：

```
1.  void PID_ParamInit(PID_Struct* pid,float kp,float ki,float kd,float iou
    tlimit,float outlimit)
2.  {
3.      pid->kp=kp;
4.      pid->ki=ki;
5.      pid->kd=kd;
6.      pid->ioutlimit=ioutlimit;
7.      pid->outlimit=outlimit;
8.  }
```

PID_Update 函数为参数更新函数，根据 preverr 和 err 的值更新 pout、iout、dout、out 等参数。这是一个 PID 控制的通用函数，无论是姿态控制还是高度控制，均可通过调用该函数进行 PID 控制。

```
1.  void PID_Update(PID_Struct* pid,uint8_t excu_outlimit)
2.  {
3.      pid->pout=pid->err*pid->kp;
4.      pid->integ+=pid->err;
5.      pid->iout=pid->integ*pid->ki;
6.      //积分限幅
7.      if(pid->iout>pid->ioutlimit)
8.      {
9.          pid->integ-=pid->err;
10.         pid->iout=pid->ioutlimit;
11.     }
12.     else if(pid->iout<-pid->ioutlimit)
13.     {
14.         pid->integ-=pid->err;
15.         pid->iout=-pid->ioutlimit;
16.     }
17.
18.     pid->dout=(pid->err-pid->preverr)*pid->kd;
19.     pid->preverr=pid->err;
20.     pid->out=pid->pout+pid->iout+pid->dout;
21.
22.     //判断是否执行输出限幅
23.     if(excu_outlimit)
24.     {
25.         pid->out=LIMIT2(pid->out,pid->outlimit);
26.     }
27. }
```

下面给出姿态双闭环控制的具体代码：

```
1. #include "Include_All.h"
2.
3. //姿态双闭环控制 PID 参数
4. PID_Struct PID_Pitch;
5. PID_Struct PID_Roll;
6. PID_Struct PID_Yaw;
7.
8. PID_Struct PID_Gyro_Pitch;
9. PID_Struct PID_Gyro_Roll;
10.  PID_Struct PID_Gyro_Yaw;
11.
12.
```

```
13.  float Target_Drone_Angle[3]={0,0,0};//转换到机体上的最终姿态角目标量，单
位:0.1°
14.  float Target_Drone_Yaw_Speed=0;//目标偏航角速度目标量，单位:°/s
15.
16.
17.  //函数:更新目标角度和角度误差
18.  //执行周期:2.5ms
19.  void AHRS_Angle_Update(void)
20.  {
21.      float temp_target_Yaw_speed;
22.
23.      //Pitch 和 Roll 的目标角度限幅
24.      Target_Drone_Angle[Index_Pitch]=LIMIT2(Target_Drone_Angle[Index_Pitch],
 TH_AHRS_Pitch_Roll_max);
25.      Target_Drone_Angle[Index_Roll]=LIMIT2(Target_Drone_Angle[Index_Roll],
TH_AHRS_Pitch_Roll_max);
26.
27.      temp_target_Yaw_speed=Manual_Control.Yaw_Speed;
28.      temp_target_Yaw_speed*=TH_multi_Max_Speed_Yaw;
29.      temp_target_Yaw_speed=LIMIT2(temp_target_Yaw_speed,TH_Max_Speed_Yaw);
30.      Target_Drone_Yaw_Speed=temp_target_Yaw_speed;
31.
32.      //目标角速度积分成目标航向角
33.      Target_Drone_Angle[Index_Yaw]-=(Target_Drone_Yaw_Speed*DT*10);//速度单
位是°/s，角度单位是 0.1°，所以要加大 10 倍
34.     Target_Drone_Angle[Index_Yaw]=To_180_degrees(Target_Drone_Angle[Index_Y
aw]);
35.      //计算角度误差：目标值和测量值的差
36.      PID_Pitch.err=Target_Drone_Angle[Index_Pitch]-IMU.Pitch;
37.      PID_Roll.err=Target_Drone_Angle[Index_Roll]-IMU.Roll;
38.      PID_Yaw.err=Target_Drone_Angle[Index_Yaw]-IMU.Yaw;
39.      PID_Yaw.err=To_180_degrees(PID_Yaw.err);
40.  }
41.
42.  //函数:姿态控制更新
43.  void AHRS_control_Update(void)
44.  {
```

```
45.        //更新 3 轴陀螺仪和 3 轴加速度计数据
46.        Func_Acc_Gyro_Update();
47.        //函数:三轴姿态解算
48.        IMU_Update(IMU_Data.Acc_Body,IMU_Data.Gyro_Speed,Mag_Angle_Yaw,1);
49.        AHRS_Angle_Update();
50.
51.        //姿态双 PID 闭环控制
52.        PID_Update(&PID_Pitch,1);
53.        PID_Update(&PID_Roll,1);
54.        //外环的输出作为内环的输入
55.        PID_Gyro_Pitch.err=PID_Pitch.out-IMU_Data.Gyro_Speed[Index_Pitch];
56.        PID_Update(&PID_Gyro_Pitch,1);
57.
58.        PID_Gyro_Roll.err=PID_Roll.out-IMU_Data.Gyro_Speed[Index_Roll];
59.        PID_Update(&PID_Gyro_Roll,1);
60.
61.        PID_Update(&PID_Yaw,1);
62.        PID_Gyro_Yaw.err=PID_Yaw.out-IMU_Data.Gyro_Speed[Index_Yaw];
63.        PID_Update(&PID_Gyro_Yaw,1);
64.
65.        //将 PID 控制量转换为电机 PWM 输出
66.        Motor_control();
67.
68. }
```

　　姿态双闭环控制量有 6 个，即 3 个角度和 3 个角速度。3 个角度由 PID_Pitch、PID_ Roll、PID_Yaw 给出，对应无人机的 3 个欧拉角；3 个角速度由 PID_Gyro_Pitch、PID_ Gyro_Roll 和 PID_Gyro_Yaw 给出，对应无人机机体坐标系 3 个轴的角速度。这 6 个量均是 PID_Struct 类型的结构体。这部分代码由两个函数组成，AHRS_Angle_Update 函数更新目标角度和角度误差，AHRS_control_Update 函数实现姿态的控制。在 AHRS_control_Update 函数中，最终将 PID 控制的输出量转化为电机 PWM 输出，这部分功能由函数Motor_control 来实现，在此由于篇幅限制，不再给出该函数的具体代码。

6.3　定高功能

　　定高指的是无人机能够保持在一定高度平面内不上下浮动。无人机实现定高通常是利用多个传感器的数据，如加速度计、气压计、超声波传感器、ToF 测距传感器的数据，再进行数据融合完成高度控制。较为常见的方式是用加速度计数据和气压计数据进行融合，因为加速度计灵敏度高，但是时间积累的漂移严重，所以借助气压计来修正高度参数。当然还有其他传感器如超声波传感器、ToF 测距传感器等均能够承担参数修正的任务。在昂宝各系列无人机中，上述传感器都有使用，在不同定位无人机上采用不同的技术方案，如小型的 OBP8005B 无人机上采用的是加速度计 + 气压计/ToF 测距传感器，而较大机型则采用加速度计 + 气压计/超声测距传感器。算法方面：高度解算采用互补滤波，定高控制采用 PID 算法。本教材实例中具体采用双闭环 PID 控制。

6.3.1 硬件

在 OBP8005B 无人机中使用的气压计型号是 SPL06 - 001，其精度可以到达 ±5 cm，提供 IIC 和 SPI 接口，可以直接输出气压数据到 MCU。图 6.13 是 SPL06 - 001 气压计模块。值得注意的是这个气压计同时内嵌一个温度传感器，是可以输出温度数据的。

气压计芯片相关参数如下：

（1）压力：300 ~ 1 200 hPa；

（2）温度：- 40 ~ 85 ℃；

（3）压力传感器精度：±0.006 hPa（或 ±5 cm）（高精度模式）；

（4）压力传感器精度：±0.06 hPa（或 ±50 cm）（非线性），±1 hPa（或 ±8 m）（绝对值）；

图 6.13　SPL06 - 001 气压计模块

（5）温度精度：±0.5 ℃；

（6）压力温度灵敏度：< 0.5 Pa/K；

（7）测量时间：典型值：28 ms，最短：3 ms；

（8）平均电流消耗：高精度：60 μA，低功耗：3 μA，待机：< 1 μA；

（9）电源电压：VDDIO：1.2 ~ 3.6 V，VDD：1.7 ~ 3.6 V；

（10）操作模式：命令（手动）、后台（自动）和待机；

（11）校准：使用系数进行单独校准，以进行测量校正；

（12）FIFO：存储最新的 32 个压力或温度测量值；

（13）接口：IIC 和 SPI（都带有可选中断）；

（14）封装尺寸：8 引脚 LGA，2.0 mm × 2.5 mm × 0.95 mm。

从参数中我们可以看到在高精度模式下芯片精度可以达到 ±5 cm，其温度精度可以达到 ±0.5 ℃。在 OBP8005B 无人机中，SPL06 - 001 连接电路图如图 6.14 所示。

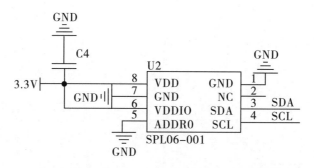

图 6.14　OBP8005B 无人机中 SPL06－001 连接电路图

OBP8005B 无人机中 ToF 测距模块采用的是 VL53L0X 芯片，提供 IIC 接口。其模块如图 6.15 所示。

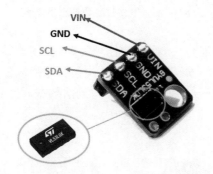

图 6.15　基于 VL53L0X 芯片的 ToF 测距模块

VL53L0X 芯片的参数如下：
（1）工作电压：3.3 V/5 V；
（2）产品尺寸：20 mm ×24 mm；
（3）通孔尺寸：2.0 mm；
（4）测距范围：30 ~ 2 000 mm；
（5）测距精度：±5%（高速模式），±3%（高精度模式）；
（6）测距时间：20 ms（高速模式），200 ms（高精度模式）；
（7）测距角度：25°；
（8）激光波长：940 nm；
（9）工作温度：－20 ~70 ℃。

从参数中，可以看到该芯片的测距范围为 30 ~2 000 mm，在高精度模式下的定位精度达到 ±3%。其典型应用电路如图 6.16 所示。

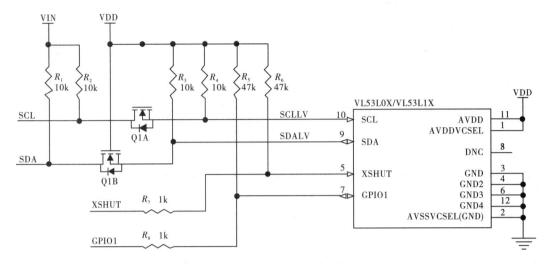

图 6.16 VL53L0X 典型应用电路

超声波传感器在无人机悬停、着陆、避障等方面应用非常广泛，如图 6.17 是常用的一款无人机超声波模块 DYP - ME007TX。其结构包含超声波发射器、接收器与控制电路。模块通电后，每隔 50 ms 测量一次距离，测量得到的数据通过 OUT 口，以串口的形式输出距离值。

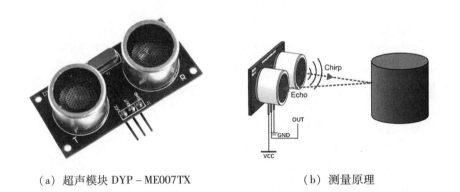

(a) 超声模块 DYP - ME007TX   (b) 测量原理

图 6.17 超声波模块及测量原理

超声波模块 DYP - ME007TX 的参数如下：

(1) 工作电压：DC 5 V；

(2) 工作电流：15 mA；

(3) 工作频率：40 kHz；

(4) 测距范围：2~3.5 m。

超声波模块 DYP - ME007TX 的串口数据输出格式如下：模块每次输出一帧数据，含有 4 个 8 位数据，帧格式为 0xFF + H_DATA + L_DATA + SUM。0xFF：为一帧开始数据，用于判断；H_DATA：距离数据的高 8 位；L_DATA：距离数据的低 8 位；SUM：数据和，用于校验，H_DATA + L_DATA = SUM（低 8 位）。注：H_DATA 与 L_DATA 合成 16 位数据，即以毫米为单位的距离值。

具体到昂宝无人机应用上，上述三种用来测距的高度传感器均是通过 IIC 的方式连接到主控 OB90A64M1U48VP，如图 6.18 所示。

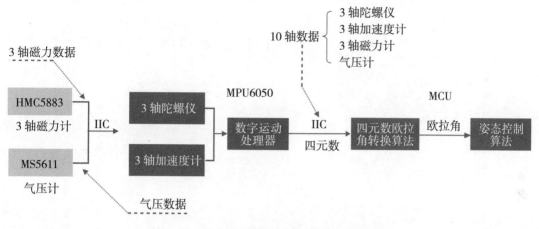

图 6.18 昂宝无人机中高度传感器的连接方式

6.3.2 软件

无人机的定高软件实现分为两个方面，一个是无人机高度的解算；另一个是高度的 PID 控制。在软件编程方面，模块化传感器的驱动程序是需要根据数据传输形式、数据存储格式等进行编写的。本节中将不涉及具体的模块驱动，我们只涉及各传感器模块数据的处理和使用。昂宝无人机在具体实践中通过加速度计和搭配各种高度传感器去解算与控制高度，本节只展示上述高度解算和高度控制方案相关流程和代码，并没有具体到某一种高度传感器。高度传感器直接测得的数据都是跟高度相对应的物理量，比如气压计，得到的是气压值，超声波模组得到的是超声波发送和反射回来的时间差量，ToF 模组得到的值也是红外线发送和反射回来的时间差量，因此需要将其转换为对应高度值。高度解算流程如图 6.19 所示。

高度解算需要用到加速度计和高度传感器的数据，此处加速度计使用的是去掉重力加速度后的运动加速度在垂直方向的分量。加速度计的数据和高度传感器的数据从三个层面进行互补融合：加速度、速度和高度。

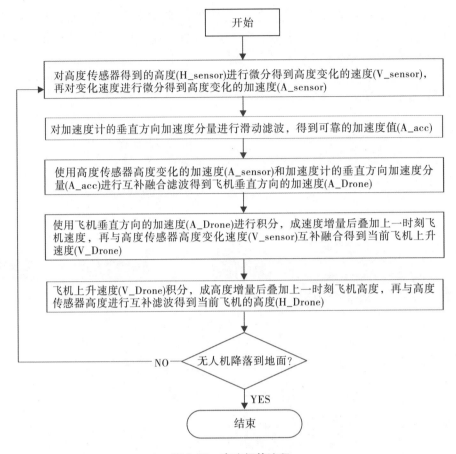

图 6.19 高度解算流程

与高度解算相关的变量及代码如下：

1. `float real_acc_vertical;` //加速度计数据去掉重力加速度后的垂直方向加速度（当前时刻）

2. `float last_real_acc_vertical;` //加速度计数据去掉重力加速度后的垂直方向加速度（上一时刻）

3.

4. `float real_height_Sensor;` //高度传感器得到的高度值，单位:mm

5. `float real_height_Sensor_fade;` // 高度传感器得到的高度值进行渐变滤波得到的值（当前时刻）

6. `float last_real_height_Sensor_fade;` //高度传感器得到的高度值进行渐变滤波得到的值 （上一时刻）

7. float real_speed_height_Sensor;//由高度传感器高度微分得到的速度，单位：mm/s （当前时刻）

8. float last_real_speed_height_Sensor;//由高度传感器高度微分得到的速度，单位：mm/s （上一时刻）

9. float real_acc_height_Sensor;//由高度传感器高度二次微分得到的加速度，单位：mm/s^2 （当前时刻）

10. float last_real_acc_height_Sensor;//由高度传感器高度二次微分得到的加速度，单位：mm/s^2 （上一时刻）

11.

12. float real_height=0;//采用加速度和高度传感器数据融合得到的高度值，单位:mm（当前时刻）

13. float last_real_height=0;//采用加速度和高度传感器数据融合得到的高度值，单位：mm （上一时刻）

14. float real_speed_height;//采用加速度和高度传感器高度数据融合得到的速度，单位：mm/s （当前时刻）

15. float Last_real_speed_height;//采用加速度和高度传感器数据融合得到的速度，单位：mm/s （上一时刻）

16. float real_acc; //采用加速度和高度传感器数据融合得到的加速度，单位：mm/s^2（当前时刻）

17. float last_real_acc; //采用加速度和高度传感器数据融合得到的加速度，单位：mm/s^2（上一时刻）

为了降低噪声，加速度计和高度传感器得到的数据均需经过滤波处理。
高度解算的代码如下：

```
1.   //函数:实时更新高度值和上升速度值，执行周期 2.5ms
2.   void Real_Height_Speed_Update(void)
3.   {
4.       float temp1_float;
5.       //定高互补滤波参数设定
6.       m_value_height_filter=0.999;
7.       //对高度传感器得到的高度值做渐变
8.   real_height_Sensor_fade+=0.01f*(real_height_Sensor-real_height_Sensor_fade);
9.
10.      //由高度传感器高度微分得到高度传感器的高度变化速度，速度微分得到加速度
11.  real_speed_height_Sensor=(real_height_Sensor_last_real_height_Sensor_fade=real_heig ht_Sensor_fade;
12.  real_acc_height_Sensor=(real_speed_height_Sensor-last_real_speed_height_Sensor)*
```

```
13. 400.0f;
14.     last_real_acc_height_Sensor=real_acc_height_Sensor;
15.     last_real_speed_height_Sensor=real_speed_height_Sensor;
16.
17.     //计算垂直方向加速度然后通过积分得到速度和位移量
18.     //对垂直加速度进行滑动滤波
19.     IMU.Acc_Vertical=MoveAvarageFilter(&Filter_Acc_Vertical,IMU.Acc_Vertical
);
20.
21.     //加速度融合滤波
22.     real_acc_vertical=IMU.Acc_Vertical*1.1963f;//9800/8192;
23.     real_acc=m_value_height_filter*(last_real_acc+(real_acc_vertical-last_re
al_acc_vertical))+(1-m_value_height_filter)*real_acc_height_Press;
24.     last_real_acc_vertical=real_acc_vertical;
25.     last_real_acc=real_acc;
26.
27.      //加速度积分成速度以及高度传感器速度融合得到飞机的上升速度
28.     real_speed_height=m_value_height_filter*(Last_real_speed_height+real_.ac
c*DT)+(1-m_value_height_filter)*real_speed_height_Sensor;//单位 mm/s
29.     Last_real_speed_height=real_speed_height;
30.
31.     //飞机上升速度和高度传感器高度互补滤波得到飞机的高度
32.     real_height=m_value_height_filter*(last_real_height+real_speed_height*DT)
 +(1-m_value_height_filter)*real_height_Sensor_fade;
33.     last_real_height=real_height;
34.
35. }
```

　　加速度计和高度传感器的融合采用的是 5.1.1 节介绍的互补融合解算，其中 m_value_height_filter 对应式（5.1）中的互补融合系数 a，通常是一个非常接近 1 的数值。

　　图 6.20 为定高控制流程图，与姿态控制相似，采用双闭环 PID 控制，外环为高度控制，内环为速度控制。外环的输入为目标高度与融合解算高度的差，输出为垂直方向的目标速度。内环的输入为目标速度与融合解算速度的差，输出为油门控制量。

图 6.20　定高控制流程

与 PID 高度控制相关的变量及代码如下：

```
1.  PID_Struct PID_Alt_Height;  //高度（外环）控制参数
2.  PID_Struct PID_Speed_Hight;   //速度（内环）控制参数
3.
4.  float exp_height_speed=0;//目标上升速度，单位：mm/s
5.  float exp_height;//目标高度，单位：mm
6.  float exp_height_auto;//自动模式目标高度，单位：mm
7.  float exp_height_speed_Throttle=0;//手动模式目标速度
8.  uint8_t flag_exp_height_auto=0;//自动高度控制模式标志
9.  float m_exp_height_speed_Limit;//速度阈值设定，不同高度阈值不同
10. float m_TH_Height_Max;   //高度限制
```

PID 高度控制算法实现代码如下：

```
1.  //定高闭环控制
2.  void Height_Control_Update(void)
3.  {
4.      //根据不同高度设定上升和下降的速度与最大速度限值
5.      Func_Height_Speed_Limit_Update();
6.
7.      //获取目标上升和下降速度
8.      if(Drone_Status.Lock)
9.      {
10.         exp_height=0;//锁机状态下高度目标速度为零
11.     }
12.     else
13.     {
14.         if(exp_height_speed_Throttle)
15.         {
16.             //进入手动控制高度模式，优先级最高
17.             exp_height+=(exp_height_speed_Throttle*0.03f);//速度积分为高度，积分周期为
    30ms
18.             exp_height=LIMIT(exp_height,real_height-m_exp_height_speed_Limit, real_he
    ight + m_exp_height_speed_Limit);
19.             exp_height_speed=exp_height_speed_Throttle;
20.         }
21.         else if(flag_exp_height_auto)
22.         {
23.             //进入自动高度控制模式
24.             if(3==Drone_Status.Low_Voltage)
25.             {
26.                 //第三级低电量，下降速度加快 1m/s
27.                 m_exp_height_speed_Limit+=1000;
28.             }
29.             exp_height_auto=LIMIT(exp_height_auto,TH_Height_Min,m_TH_Height_Max);
30.             exp_height=exp_height_auto;
31.             exp_height=LIMIT(exp_height,real_height-m_exp_height_speed_Limit, real_
    height + m_exp_height_speed_Limit);
32.             //判断是否退出自动高度控制
33.             if(exp_height==exp_height_auto)
34.             {
```

```
35.              flag_exp_height_auto=0;
36.          }
37.          exp_height_speed=exp_height_auto-exp_height;
38.      }
39.      else//if(0==flag_exp_height_auto&&0==exp_height_speed_Throttle)
40.      {
41.          //定高模式
42.          exp_height_speed=0;
43.      }
44.      exp_height=LIMIT(exp_height,TH_Height_Min,m_TH_Height_Max);
45.  }
46.  //对高度传感器高度数据进行 8 个点滑动平均滤波
47.  real_height_Sensor=MoveAvarageFilter(&Filter_baro_height,real_height_Sensor);
48.  //实时更新高度的变化和上升速度的变化
49.  Real_Height_Speed_Update();
50.
51.  //进行高度双闭环 PID 控制
52.  PID_Alt_Height.err=exp_height-real_height;
53.  PID_Alt_Height.outlimit=m_exp_height_speed_Limit;
54.  PID_Update(&PID_Alt_Height,1);
55.  PID_Speed_Hight.err=PID_Alt_Height.out-real_speed_height;
56.  PID_Update(&PID_Speed_Hight,0);
57.  PID_Speed_Hight.out=LIMIT(PID_Speed_Hight.out,0,PID_Speed_Hight.outlimit);
58.  }
```

6.4　室外定点功能

与姿态和高度控制一样，定点功能也需要位置解算和位置控制两方面的功能。室外的位置信息依靠 GNNS 模块来获得，最常用的就是 GPS 模块，通过 GPS 模块可以获取经纬度信息。位置控制则是通过 PID 控制来实现。

6.4.1　硬件

无人机中的 GPS 模块，最常用的是 Ublox 的 NEO－M8 系列，采用的是 UBX 协议（详见附录）。在第 4 章我们提到过 UBX 协议不属于标准 NMEA 协议，但在无人机飞行控制中 UBX 协议有它特有的优势。首先，飞行控制系统一般是单片机系统，需要的是二进制的经纬度信息，而标准的 NMEA 协议采用的是 ASCII 字符编码，需要将字符转换为二进制数。而 UBX 协议是一种二进制协议，不需要经过转换。其次，飞行控制系统采用的坐标通常是 NED 坐标系，这也与 UBX 协议相一致，而标准的 NMEA 协议使用的是 WSG – 84 坐标系，需要经过坐标转换才可用于飞行控制系统。

OBP8005B 无人机使用的 GPS 模块型号为 UBX – M8030，硬件连接图如图 6.21 所示。通过天线接收到的卫星信号经过放大和滤波，接入 GPS 模块的输入端。GPS 模块与主控模块之间通过异步串行接口 UART 进行连接。

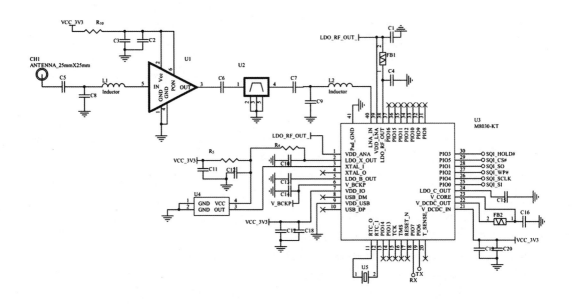

图 6.21 UBX – M8030 GPS 模块硬件连接图

6.4.2 软件

在第 5 章，我们了解了 PID 位置控制框图（见图 5.10）。从图 5.10 中可看出，定点控制是通过当前距离的差值，给出无人机欧拉角的控制量，通过调节无人机姿态，使无人机朝向目标位置飞行，因此定点控制包含了前面讲述的姿态控制。在实际操作中，由于距离包括前后和左右距离，可以分别通过调整俯仰角和横滚角实现相应的控制，因此，定点控制可以分解为前后飞行控制和左右飞行控制，如图 6.22 所示。

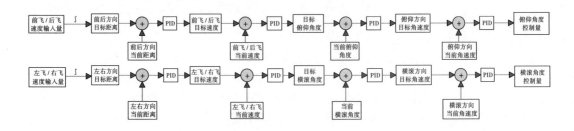

图 6.22 定点 PID 控制环

相应地，程序的流程也分为前后飞行控制和左右飞行控制，见图 6.23。

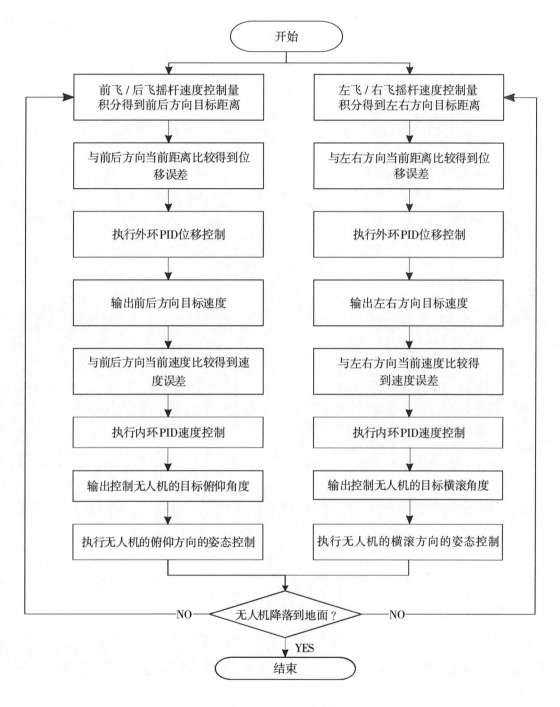

图 6.23　定点控制流程

结构体 GPS_Ublox 的定义：

```
1.   typedef struct
2.   {
3.
4.       uint8_t GPS_Fix;   //定位状态标志位，1 表示定位成功
5.
6.       int32_t Lon;//经度，放大了 10^7，单位约等于 cm
7.       int32_t Lat;//纬度，放大了 10^7，单位约等于 cm
8.
9.       int32_t  North_Velo;   //GPS 测得的北向速度
10.      int32_t  East_Velo;    //GPS 测得的东向速度
11.      uint32_t sACC_Velo;     //速度精度因子
12.      uint32_t hAcc_Position;  //水平精度因子
13.      uint8_t  SVS_Number;   //卫星个数
14.      uint16_t HDOP;          //水平位置定位精度因子
15.  }GPS_Ublox;
```

相关变量说明：

```
1.   GPS_Ublox   GPS_Data;   //GPS 数据
2.   float m_Cos_Latitude;//纬度的余弦 cos 取值
3.   //定点功能的位置环和速度环变量
4.   PID_Struct PID_GPS_Lat;   //纬度
5.   PID_Struct PID_GPS_Lon;   //经度
6.   PID_Struct PID_GPS_North;   //北向速度
7.   PID_Struct PID_GPS_East;   //东向速度
8.
9.   int32_t Target_Lon;//目标经度值，放大了 10^7，单位约等于 cm
10.  int32_t Target_Lat;//目标纬度值，放大了 10^7，单位约等于 cm
11.
12.  int32_t Point_Takeoff_Lon;//飞机起飞点的经度值，放大了 10^7，单位约等于 cm
13.  int32_t Point_Takeoff_Lat;//飞机起飞点的纬度值，放大了 10^7，单位约等于 cm
14.
15.  int32_t Point_Home_Lon;//飞机返航点的经度值，放大了 10^7，单位约等于 cm
16.  int32_t Point_Home_Lat;//飞机返航点的纬度值，放大了 10^7，单位约等于 cm
17.
18.  //定点悬停的经纬度误差
19.  int32_t Err_Lon;
20.  int32_t Err_Lat;
21.
22.  float Distance_Lon;//飞机距返航点的经度距离，单位：0.1 m
23.  float Distance_Lat;//飞机距返航点的纬度距离，单位：0.1 m
```

```
24. float Distance_Height;//飞机距返航点的高度距离，单位：0.1m
25. float Distance_Ground;//飞机距返航点的地面距离，单位：0.1m
26.
27. float m_Distance_Ground_Amp=1.4f;//实际距离放大系数
28.
29. uint8_t flag_GPS_Hold_Mode;//定点控制模式标识符
30. //0:表示执行位置速度双闭环的 GPS 定点悬停
31. //1:表示执行以 0 作为目标速度的速度单环，也包括刹车速度渐变的过程
32. //2:表示执行不以 0 为目标速度的速度单环，也即遥控器控制飞行
33.
34. float Target_North=0;//目标北向速度，单位：1cm/s
35. float Target_East=0;//目标东向速度，单位：1cm/s
36. float Target_North_fade=0;//经过阻尼滤波目标北向速度，单位：1cm/s
37. float Target_East_fade=0;//经过阻尼滤波目标东向速度，单位：1cm/s
38. uint8_t flag_GPS_Hold_Mode_SW=0;//GPS 控制模式切换标识符
39. float Target_GPS_Angle[2];//GPS 定点闭环输出的 Pitch 和 Roll 目标角度
40. float Cos_Yaw;//偏航角对应的余弦值
41. float Sin_Yaw;//偏航角对应的正弦值
```

　　无人机定点控制有三种模式，flag_GPS_Hold_Mode = 0 时，为悬停控制，执行位置速度双闭环 GPS 定点悬停；flag_GPS_Hold_Mode = 1 时，为刹车控制，执行目标速度为 0 的单环速度控制；flag_GPS_Hold_Mode = 2 是遥控器控制飞行的状态，为目标速度不为 0 的单环速度控制。

　　GPS 模块使用的是 NED 坐标系，而遥控器的摇杆控制的是无人机的俯仰（前后）和横滚（左右），因此需要将俯仰和横滚方向的摇杆值转换为东向和北向速度。

```
1.  //函数:将 Pitch 和 Roll 方向的摇杆值转换为东向和北向速度
2.  void Func_Remote_Angle_Exto_GPS_Speed(float scale_Remote_Exto_Speed,float m_Th_
    max_speed)
3.  {
4.      float temp1_float,temp2_float;
5.
6.
7.      //将 Pitch 和 Roll 方向的摇杆值转换为东向和北向速度
8.      //转换的坐标关系如下:
9.      //以正北为 0° 偏航角，顺时针旋转，正东为 90°
10.     //Pitch 向后为正数，Roll 向右为正数
11.     temp1_float=Manual_Control.Headless_Pitch;
12.     temp2_float=Manual_Control.Headless_Roll;
13.     temp1_float*=scale_Remote_Exto_Speed;
```

```
14.      temp1_float=LIMIT2(temp1_float,m_Th_max_speed);
15.      temp2_float*=scale_Remote_Exto_Speed;
16.      temp2_float=LIMIT2(temp2_float,m_Th_max_speed);
17.
18.      //由摇杆值转换为东北向目标速度
19.      Target_North=-temp1_float*Cos_Yaw-temp2_float*Sin_Yaw;
20.      Target_East=-temp1_float*Sin_Yaw+temp2_float*Cos_Yaw;
21.
22.      //对目标东北向速度做限值判断和比例缩放
23.      temp1_float=func_abs_float(Target_North);
24.      temp2_float=func_abs_float(Target_East);
25.      if((temp1_float>m_Th_max_speed)||(temp2_float>m_Th_max_speed))
26.      {
27.          if(temp1_float>=temp2_float)
28.          {
29.              temp1_float=m_Th_max_speed/temp1_float;
30.              Target_North=LIMIT2(Target_North,m_Th_max_speed);
31.              Target_East=Target_East*temp1_float;
32.          }
33.          else
34.          {
35.              temp2_float=m_Th_max_speed/temp2_float;
36.              Target_East=LIMIT2(Target_East,m_Th_max_speed);
37.              Target_North=Target_North*temp2_float;
38.          }
39.      }
40. }
```

函数 Func_GPS_Filter 是将 GPS 信号进行滤波，并且将经纬度误差转换为与实际距离误差相对应，因为经度误差和实际距离之间不是比例关系，而是和纬度相关，需要乘以纬度的余弦值。

```
1.      //函数：GPS 的经纬度和东北速度数据滤波处理
2.      //执行周期：150ms
3.      void Func_GPS_Filter(void)
4.      {
5.          //对 GPS 信号进行滤波
6.          Err_Lon=my_deathzoom_int32(Err_Lon,5);
7.          Err_Lat=my_deathzoom_int32(Err_Lat,5);
8.
9.          //经纬度的误差转换为与实际距离误差相对应
```

```
10.        PID_GPS_Lon.err=Err_Lon*m_Cos_Latitude;
11.        PID_GPS_Lat.err=Err_Lat;
12.
13.        Speed_North=my_deathzoom_int32(GPS_Data.North_Velo,5);
14.        Speed_East=my_deathzoom_int32(GPS_Data.East_Velo,5);
15.
16.    }
```

利用 GPS 进行定点控制的代码如下：

```
1.    void GPS_Control_Update(void)
2.    {
3.        GPS_Analysis();//GPS 数据更新
4.        Step_GPS_Hold_Update++;
5.        if(Step_GPS_Hold_Update>=5)//30ms*5=150ms，GPS 数据 100ms 更新一次
6.        {
7.            Step_GPS_Hold_Update=0;
8.        }
9.
10.       if(0==Step_GPS_Hold_Update)
11.       {
12.           //定点闭环控制，周期是 150ms
13.           Position_Control_Update();
14.           PID_Update(&PID_GPS_Lat,0);
15.           PID_Update(&PID_GPS_Lon,0);
16.       }
17.       else if(1==Step_GPS_Hold_Update)
18.       {
19.           //GPS 定点单双闭环 PID 控制切换判断
20.           Func_Speed_Position_Closeloop_Det();
21.           PID_GPS_North.err=Target_North_fade-Speed_North;
22.           PID_Update(&PID_GPS_North,0);//GPS 的北向速度 PID 位置控制
23.           PID_GPS_East.err=Target_East_fade-Speed_East;
24.           PID_Update(&PID_GPS_East,0);//GPS 的东向速度 PID 位置控制
25.           //函数：将 East 和 North 方向的速度控制转换为 Pitch 和 Roll 方向的姿态控制
26.           Func_GPS_Positon_exchange_AHRS_Control();
27.       }
28.       else if(3==Step_GPS_Hold_Update)
29.       {
30.           //计算返航着落点、飞行距离、飞行速度、飞行高度等
```

```
31.              Step2_GPS_Hold_Update++;
32.              if(Step2_GPS_Hold_Update>=3)
33.              {
34.                   Step2_GPS_Hold_Update=0;
35.              }
36.
37.              if(0==Step2_GPS_Hold_Update)
38.              {
39.                   //更新返航点位置
40.                   Point_Home_Lat=Point_Takeoff_Lat;
41.                   Point_Home_Lon=Point_Takeoff_Lon;
42.
43.                   //直接用位置信息计算位移量
44.                   Distance_Lon=Point_Home_Lon-GPS_Data.Lon;
45.                   Distance_Lat=Point_Home_Lat-GPS_Data.Lat;
46.                   Distance_Lon*=Value_Position_EXchange_Distance;//单位: 0.1m
47.                   Distance_Lat*=Value_Position_EXchange_Distance;
48.                   m_Cos_Latitude=func_abs_float(fast_cos(GPS_Data.Lat*0.000001));
49.                   Distance_Lon*=m_Cos_Latitude;
50.                   Distance_Height=(real_height*0.01f);
51.              }
52.              else if(1==Step2_GPS_Hold_Update)
53.              {
54.                   //直线距离计算
55.                   Distance_Ground=sqrtf(Distance_Lat*Distance_Lat+Distance_Lon*Distan
    ce_Lon);
56.              }
57.              else if(2==Step2_GPS_Hold_Update)
58.              {
59.                   //飞行速度计算
60.                   Speed_Flight=sqrtf(temp1_float*temp1_float+temp2_float*temp2_float);
61.              }
62.         }
63.
64.  }
```

　　由于 GPS 定点 PID 处理计算量比较大，为了不影响主函数其他环路的计算，这里将 GPS 定点处理分成了 5 个步骤，每 30 ms 调用一次，一个完整的处理周期为 150 ms。每次调用只执行 5 个步骤中的一个步骤，Step_GPS_Hold_Update 是分时处理计数器，在 1 ~ 5 之间循环计数。函数 Func_GPS_Positon_exchange_AHRS_Control 将北向和东向的速度控制转换为俯仰和横滚方向的姿态控制，即将 PID_GPS_North.out 和 PID_GPS_East.out 转换成无人机目标俯仰角和目标横滚角，为姿态控制提供输入量。

```
1.    //函数:将 East 和 North 方向的速度控制转换为 Pitch 和 Roll 方向的姿态控制
2.    void Func_GPS_Positon_exchange_AHRS_Control(void)
3.    {
4.        float temp1_float,temp2_float,temp3_float;
5.
6.        //转换的坐标关系如下:
7.        //以正北为 0°偏航角，顺时针旋转，正东为 90°
8.        //Pitch 向后为正数，Roll 向右为正数
9.        Target_GPS_Angle[Index_Pitch]=-(PID_GPS_North.out*Cos_Yaw+PID_GPS_East.out*
      Sin_Yaw);
10.       Target_GPS_Angle[Index_Roll]=PID_GPS_East.out*Cos_Yaw-PID_GPS_North.out*Sin
      _Yaw;
11.
12.       //直线返航控制：在达到限定角度阈值后按比例调整姿态角的控制
13.       temp1_float=func_abs_float(Target_GPS_Angle[Index_Pitch]);
14.       temp2_float=func_abs_float(Target_GPS_Angle[Index_Roll]);
15.       if((temp1_float>PID_GPS_North.outlimit)||(temp2_float>PID_GPS_East.outlimit ))
16.       {
17.           if(temp1_float>=temp2_float)
18.           {
19.               temp3_float=PID_GPS_North.outlimit/temp1_float;
20.               Target_GPS_Angle[Index_Pitch]=LIMIT2(Target_GPS_Angle[Index_Pitch],
      PID_GPS_North.outlimit);
21.               Target_GPS_Angle[Index_Roll]=Target_GPS_Angle[Index_Roll]*temp3_flo
      at;
22.           }
23.           else
24.           {
25.               temp3_float=PID_GPS_East.outlimit/temp2_float;
26.               Target_GPS_Angle[Index_Roll]=LIMIT2(Target_GPS_Angle[Index_Roll],PI
      D_GPS_East.outlimit);
27.               Target_GPS_Angle[Index_Pitch]=Target_GPS_Angle[Index_Pitch]*temp3_f
      loat;
28.           }
29.       }
30.   }
```

姿态控制的部分，请参考 6.2 节。

6.5　室内定点功能

由于室内无法接收到 GPS 信号（信号强度不够），无人机室内定点主要依靠光流算法来实现，光流模块放置在无人机下方正对地面。一般地，无人机的光流模块与飞控的连接如图 6.24 所示，光流模块包括了光流摄像头和光流主板两个主要部件。

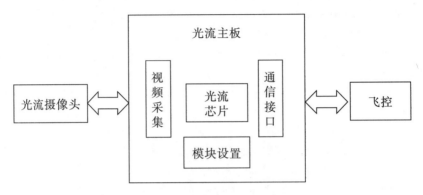

图 6.24　光流模块和飞控的连接

6.5.1　硬件

图 6.25 是 OBP8005B 无人机上使用的光流模块 PMW3901MB，该模块具有体积小、重量轻、精度高、价格便宜等优点，非常适合在无人机上使用。

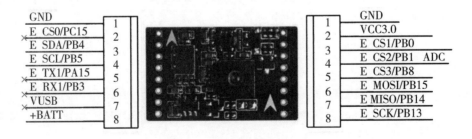

图 6.25　光流模块 PMW3901MB

PMW3901MB 使用串口通信，其协议如表 6.2 所示。

表 6.2　PMW3901MB 协议

包头	字节数	光流数据				校验和	环境质量	结束标识符
0xFE	0x04	D0	D1	D2	D3	SUM	SQUAL	0xAA

光流数据 D0 和 D1 分别是 flow_x 的低 8 位和高 8 位，D2 和 D3 分别是 flow_y 的低 8 位和高 8 位。校验和是 D0 ~ D3 的累加值，环境质量 SQUAL 为 0x40 ~ 0x4F。

在使用的时候我们需要将 D0 和 D1 拼接，D2 和 D3 拼接，以获取当前读取数据瞬间与上一次读取数据瞬间这两帧之间的光流 flow_x 和 flow_y，对这 flow_x 和 flow_y 积分即可获得光流位移量，请注意，这里的 flow_x 和 flow_y 只是光流位移量，不是实际的位移量。

```
IIC2_Bytes_Read(0xAA,0,5,Data_Buf_Optflow_ux);//通过 IIC 获取光流模块数据

tmp_opt_dx=(int16_t)Data_Buf_Optflow_ux[1]+(int16_t)(Data_Buf_Optflow_ux[0]<<8);//获取 flow_x

tmp_opt_dy=(int16_t)Data_Buf_Optflow_ux[3]+(int16_t)(Data_Buf_Optflow_ux[2]<<8);//获取 flow_y
```

6.5.2　软件

无人机的定点功能，直观看来是对左右和前后飞行的控制，本质上是通过计算传感器数据，进而对俯仰角和横滚角的修正。光流模块放置于无人机下方，通过模块直接获取的数据还需要根据其俯仰角和横滚角修正，同时对于数据还需要作滤波处理，并且滤波参数必须要随高度渐变，在高的地方如果用小的系数则会导致机身高频振动，在低的地方用大的系数会则导致机身来回晃动。

光流数据的读取，我们需要从光流模块中读入原始数据，获取光流 flow_x 和 flow_y（注意，此处数据的单位是像素），根据无人机当前的高度将像素差转化成两帧之间的位移量，然后对数据作累加（积分）得到总位移量。由于在无人机上光流模块并非总是正对地面的，还需要根据横滚角和俯仰角对数据进行角度校正。校正后的数据需要经过滤波，进而提高稳定性。光流定点使用一阶低通滤波算法。

一阶低通滤波算法又叫一阶惯性滤波，具体公式如下：

$$Y_n = \alpha X_n + (1 - \alpha) Y_{n-1}$$

其中，X_n 为本次采样值，Y_{n-1} 为上次滤波输出值，Y_n 为本次滤波输出值，α 为滤波系数，其值通常远小于 1。α 越小，滤波结果越平稳，但灵敏度越低；α 越大，灵敏度越高，滤波结果越不稳定。在实际使用中，我们需要根据无人机的高度动态调整滤波系数。

光流模块数据读取代码如下：

```
1.    void read_optflow(float height,float angle_comp_Pitch,float angle_comp_Roll)
2.    {
3.        //使用优相光流模组
4.        height*=0.5f;
5.        height=LIMIT(height,0.3,2.0);//限制太高在低地面会振荡
6.
7.        IIC2_Bytes_Read(0xAA,0,5,Data_Buf_Optflow_ux);
8.        if(1==Data_Buf_Optflow_ux[4])
9.        {
10.           tmp_opt_dx=(int16_t)Data_Buf_Optflow_ux[1]+(int16_t)(Data_Buf_Optf
low_ux[0]<<8);
11.           tmp_opt_dy=(int16_t)Data_Buf_Optflow_ux[3]+(int16_t)(Data_Buf_Optf
low_ux[2]<<8);
12.           if(Cnt_OptFlow_Qual)
13.           {
14.               Cnt_OptFlow_Qual--;
15.           }
16.           Drone_Status.OpticFlow_Err=0;
17.        }
18.        else
19.        {
20.           tmp_opt_dx=0;
21.           tmp_opt_dy=0;
22.           if(Cnt_OptFlow_Qual<TH_Cnt_OptFlow_Qual_Fail)
23.           {
24.               Cnt_OptFlow_Qual++;
25.           }
26.           else
27.           {
28.               Cnt_OptFlow_Qual=TH_Cnt_OptFlow_Qual_Fail+TH_Cnt_OptFlow_Qual_
Delay_Normal;
29.           }
30.
31.           Drone_Status.OpticFlow_Err=1;
32.        }
33.
34.        //原始数据加死区
35.        tmp_opt_dx=my_deathzoom_int32(tmp_opt_dx,10);
36.        tmp_opt_dy=my_deathzoom_int32(tmp_opt_dy,10);
37.        real_opt_sumx += ((float)tmp_opt_dx * 0.1*height);
38.        real_opt_sumy += ((float)tmp_opt_dy * 0.1*height);
39.
```

```
40.    //根据光流模块的摆放位置确定 XY 轴跟 Pitch/Roll 的对应关系
41.    //Roll 向右移动，位移为正
42.    //Pitch 向前移动，位移为正
43.    temp_real_opt_sum_Pitch_angle_comp = real_opt_sumy;
44.    temp_real_opt_sum_Roll_angle_comp = real_opt_sumx;
45.
46.    //角度校正
47.    temp_real_opt_sum_Pitch_angle_comp = temp_real_opt_sum_Pitch_angle_comp + (angle_comp_Pitch * 19.1f * height*0.62);
48.    temp_real_opt_sum_Roll_angle_comp = temp_real_opt_sum_Roll_angle_comp + (angle_comp_Roll * 19.1f * height*0.62);
49.
50.
51.    //低通滤波
52.    //滤波参数必须要随高度渐变，在高的地方如果用小的系数则会导致机身高频振动，在低的地方用大的系数则会导致机身来回晃动
53.    temp_float=0.15*exp_height*0.001+0.55;
54.    temp_float=LIMIT(temp_float,0.7,0.80);//高会使机身高频振动，但打杆不会有机身晃动问题
55.    real_opt_sum_Pitch_angle_comp=real_opt_sum_Pitch_angle_comp_last*temp_float+temp_real_opt_sum_Pitch_angle_comp*(1-temp_float);
56.    real_opt_sum_Roll_angle_comp=real_opt_sum_Roll_angle_comp_last*temp_float+temp_real_opt_sum_Roll_angle_comp*(1-temp_float);
57.    real_opt_sum_Pitch_angle_comp_last = real_opt_sum_Pitch_angle_comp;//角度校正后的实际位移量，单位:mm
58.    real_opt_sum_Roll_angle_comp_last = real_opt_sum_Roll_angle_comp;
59.
60.
61. }
```

读取和处理完光流数据后，我们需要更新光流定点控制的目标量，这部分通过 Func_OptFlow_Target_update( ) 函数来完成，这也是光流控制的核心算法。

```
1.  //函数：更新光流定点控制的目标量
2.  void Func_OptFlow_Target_update(float height_det)
3.  {
4.      float temp1_float,temp2_float;
5.
6.
```

```
7.          //根据摇杆值更新光流定点位置
8.          //根据光流模块的摆放位置确定 XY 轴跟 Pitch/Roll 的对应关系
9.          //Roll 对应 X 轴方向，向右位移为正，向左位移为负
10.         //Pitch 对应 Y 轴方向，向后位移为正，向前位移为负
11.         temp1_float=Manual_Control.Headless_Pitch;
12.         temp2_float=Manual_Control.Headless_Roll;
13.
14.         //摇杆值转换为速度量
15.         temp1_float*=Value_Remote_Exto_Opt_Speed;
16.         temp1_float=LIMIT2(temp1_float,TH_OptFlow_Move_Speed);
17.         temp2_float*=Value_Remote_Exto_Opt_Speed;
18.         temp2_float=LIMIT2(temp2_float,TH_OptFlow_Move_Speed);
19.         Target_OptFlow_Pitch_Speed=temp1_float;
20.         Target_OptFlow_Roll_Speed=temp2_float;
21.
22.         //阻尼线性渐变
23.         Target_OptFlow_Pitch_Speed_fade+=Value_OptFlow_Speed_Switch_fade*(Targ
et_OptFlow_Pitch_Speed-Target_OptFlow_Pitch_Speed_fade);
24.         Target_OptFlow_Roll_Speed_fade+=Value_OptFlow_Speed_Switch_fade*(Targe
25.
26.
27.         //速度积分成位移
28.         Target_OptFlow_Pitch+=Target_OptFlow_Pitch_Speed_fade*0.06;//60ms
29.         Target_OptFlow_Roll+=Target_OptFlow_Roll_Speed_fade*0.06;//60ms
30.         //对目标位移进行限幅
31.         Target_OptFlow_Pitch=LIMIT(Target_OptFlow_Pitch,real_opt_sum_Pitch_ang
le_comp-400,real_opt_sum_Pitch_angle_comp+400);
32.         Target_OptFlow_Roll=LIMIT(Target_OptFlow_Roll,real_opt_sum_Roll_angle_
comp-400,real_opt_sum_Roll_angle_comp+400);
33.  }
```

在当前位置下获得了目标量，我们可以计算出控制电机的 PID 值，进而控制无人机定点，PID 控制的代码如下：

```
1.  //光流定点 PID 控制
2.  void PID_Control_Position_OptFlow(void)
3.  {
4.      float temp_float;
5.
6.      PID_OptFlow_Pitch.kd=2.0*exp_height*0.001-1.0;//0.1
7.      PID_OptFlow_Pitch.kd=LIMIT(PID_OptFlow_Pitch.kd,1.5,10)*1.3;
8.      PID_OptFlow_Roll.kd=PID_OptFlow_Roll.kd;
9.
10.
11.     //PID 控制
12.     PID_OptFlow_Pitch.err=Target_OptFlow_Pitch-real_opt_sum_Pitch_angle_co
    mp;
13.     PID_OptFlow_Roll.err=Target_OptFlow_Roll-real_opt_sum_Roll_angle_comp;
14.
15.     //解决高度升高光流定点振动问题
16.     if((real_height)<1250.0f)
17.     {
18.         temp_float = 1.0f;
19.     }
20.     else
21.     {
22.         temp_float = (real_height)*0.0008f;
23.     }
24.     PID_OptFlow_Pitch.err=PID_OptFlow_Pitch.err/temp_float;
25.     PID_OptFlow_Roll.err=PID_OptFlow_Roll.err/temp_float;
26.
27.     PID_Update(&PID_OptFlow_Pitch,1);
28.     PID_Update(&PID_OptFlow_Roll,1);
29. }
```

6.6　无线控制

无人机的无线通信功能主要应用于两个方面，一个是无线控制，另一个是无线图传。无线图传的部分将在 7.4 节介绍，本节介绍两种常用的无线控制方法，一种是遥控器控制，另一种是 App 控制。

6.6.1 硬件

1. 2.4G RF 无线遥控

2.4G 指的是工作频段处于 2.400 ~ 2.483 5 GHz 之间，是无线电委员会和信息产业部公布的允许使用的公共频段。2.4G RF（射频）无线技术为双向传输模式，它的发射信号为数字射频信号，可通过串口和单片机直接通信，具有抗干扰能力强、传输距离远等优点。

无人机遥控系统包括遥控器、机载 2.4G RF 模组等（如图 6.26 所示）。遥控器与无人机之间可以进行双向的数据传送，遥控器发送控制命令给无人机，经 IIC 串口传送给飞控模组，飞控模组执行遥控器发来的控制命令；同时，无人机可将当前的状态传送给遥控器，如无人机的飞行高度、飞行速度、电量信息等。

图 6.26 遥控器控制框图

由图 6.27 可知遥控器各部件的功能。

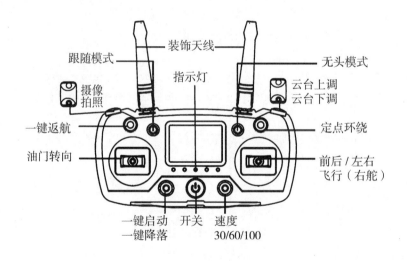

图 6.27 遥控器各部件功能

2. App 控制

利用机载的 WIFI 模组和智能设备 App 进行双向通信，从而达到用 App 控制无人机以及获得无人机当前状态的目的，如图 6.28 所示。

图 6.28　App 控制框图

6.6.2　软件

1. 遥控器控制

（1）遥控器发送帧字节数据定义。

```
1.  //遥控器发送帧字节数据定义
2.  //数据长度
3.  #define Length_Frame_Remote              16
4.  //RF 模块在帧尾自动增加两个校验码
5.  #define Length_Frame_Remote_Add_Check    Length_Frame_Remote+2
6.  //校验码 0:OXFF
7.  #define DATA_Frame_Remote_Add_Check_0    0xFF
8.  //校验码 1:OX55
9.  #define DATA_Frame_Remote_Add_Check_1    0x55
10. //校验码 0
11. #define Index_Frame_Remote_Add_Check_0   Length_Frame_Remote
12. //校验码 1
13. #define Index_Frame_Remote_Add_Check_1   Length_Frame_Remote+1
14.
15. //4 个方向的摇杆值
16. #define Index_Frame_Remote_Pitch         0
17. #define Index_Frame_Remote_Roll          1
18. #define Index_Frame_Remote_Yaw           2
19. #define Index_Frame_Remote_Throttle      3
20. //实时状态位 1
21. #define Index_Frame_Remote_Status_1      4
22. //实时状态位 2
23. #define Index_Frame_Remote_Status_2      5
24. //功能字命令
25. #define Index_Frame_Remote_CMD           6
26. //功能字命令的附带数据 1
27. #define Index_Frame_Remote_CMD_Data1     7
28. //功能字命令的附带数据 2
29. #define Index_Frame_Remote_CMD_Data2     8
30. //功能字命令的附带数据 3
```

31. `#define Index_Frame_Remote_CMD_Data3` 9
32. //功能字命令的附带数据 4
33. `#define Index_Frame_Remote_CMD_Data4` 10
34. //功能字命令的附带数据 5
35. `#define Index_Frame_Remote_CMD_Data5` 11
36. //功能字命令的附带数据 6
37. `#define Index_Frame_Remote_CMD_Data6` 12
38. //功能字命令的附带数据 7
39. `#define Index_Frame_Remote_CMD_Data7` 13
40. //功能字命令的附带数据 8
41. `#define Index_Frame_Remote_CMD_Data8` 14
42. //心跳包
43. `#define Index_Frame_Remote_Heartbeat` 15

（2）飞机发送给遥控器的帧字节数据定义。

1. //飞机发送给 Remoter 的帧字节数据定义
2. //数据长度
3. `#define Length_Frame_Drone_To_Remoter` 16
4. //飞机状态信息 1
5. `#define Index_Frame_Drone_To_Remoter_Status_1` 0
6. //飞机状态信息 2
7. `#define Index_Frame_Drone_To_Remoter_Status_2` 1
8. //飞机状态信息 3
9. `#define Index_Frame_Drone_To_Remoter_Status_3` 2
10. //电量信息
11. `#define Index_Frame_Drone_To_Remoter_Voltage` 3
12. //偏航角高 8 位，单位：0.1°
13. `#define Index_Frame_Drone_To_Remoter_Yaw_1` 4
14. //偏航角低 8 位
15. `#define Index_Frame_Drone_To_Remoter_Yaw_2` 5
16. //距离高 8 位，单位：m
17. `#define Index_Frame_Drone_To_Remoter_Distance_1` 6
18. //距离低 8 位
19. `#define Index_Frame_Drone_To_Remoter_Distance_2` 7
20. //高度高 8 位，单位：m
21. `#define Index_Frame_Drone_To_Remoter_Height_1` 8
22. //高度低 8 位
23. `#define Index_Frame_Drone_To_Remoter_Height_2` 9
24. //速度单位：m/s
25. `#define Index_Frame_Drone_To_Remoter_Speed` 10
26. //飞机端的 GPS 卫星个数

```
27.  #define Index_Frame_Drone_To_Remoter_GPS_Info        11
```
28. //飞机端的 RF 通信质量，不在飞控这边统计，由 RF 模块统计得到
```
29.  #define Index_Frame_Drone_To_Remoter_RF_Qual         12
```

（3）遥控器接收和发送函数。

```
1.   #include "Include_All.h"
2.
3.   Frame_Control_Struct Frame_Remoter;
4.   uint8_t TxBuf_Remoter[Length_Frame_Drone_To_Remoter]={0};//RF 发送数据帧
5.   uint8_t RxBuf_Remoter[Length_Frame_Remote_Add_Check]={0};//RF 接收数据帧
6.   uint8_t Index_Tx_Remoter_Info=0;
7.
8.   //更新遥控器接收函数
9.   void Remoter_Rx_Update(void)
10.  {
11.      int32_t temp1_int32;
12.
13.      RxBuf_Remoter[16]=0x00;//读数据之前先将校验字节清零
14.      RxBuf_Remoter[17]=0x00;
15.      IIC0_Bytes_Read(d_DEVICE_RFModule,0,18,RxBuf_Remoter);
16.
17.      //更新遥控器的控制帧数据
18.      if((0xFF!=RxBuf_Remoter[16])||(0x55!=RxBuf_Remoter[17]))
19.      {
20.          RxBuf_Remoter[4]|=0x01;//帧尾 0xff/0x55 失败判断为失联
21.      }
22.
23.      if(RxBuf_Remoter[4]&0x01)
24.      {
25.          RxBuf_Remoter[0]=128;
26.          RxBuf_Remoter[1]=128;
27.          RxBuf_Remoter[2]=128;
28.          RxBuf_Remoter[3]=128;
29.          RxBuf_Remoter[4]&=0x01;
30.          RxBuf_Remoter[4]|=0x08;
31.          RxBuf_Remoter[5]=0x00;
32.          RxBuf_Remoter[6]=0x00;
```

```
33.        }
34.
35.        Frame_Remoter.Pitch=LIMIT2(my_deathzoom_int32(RxBuf_Remoter[0]-128,30),
  100);
36.        Frame_Remoter.Roll=LIMIT2(my_deathzoom_int32(RxBuf_Remoter[1]-128,40),
  100);
37.        Frame_Remoter.Yaw_Speed=LIMIT2(my_deathzoom_int32(RxBuf_Remoter[2]-128,
  30),100);
38.        Frame_Remoter.Throttle=LIMIT2(my_deathzoom_int32(RxBuf_Remoter[3]-128,
  30),100);
39.        Frame_Remoter.Comm_Lost=(RxBuf_Remoter[4]&0x01);
40.        Frame_Remoter.Speed_Setting=(RxBuf_Remoter[4]&0x06)>>1;
41.        Frame_Remoter.Position_Hold=(RxBuf_Remoter[4]&0x08)>>3;
42.        Frame_Remoter.Auto_Return=(RxBuf_Remoter[4]&0x10)>>4;
43.        Frame_Remoter.Headless=(RxBuf_Remoter[4]&0x20)>>5;
44.        Frame_Remoter.GPS_Follow=(RxBuf_Remoter[4]&0x40)>>6;
45.        Frame_Remoter.Surround=(RxBuf_Remoter[4]&0x80)>>7;
46.        Frame_Remoter.Video_Recode=(RxBuf_Remoter[5]&0x01);
47.        Frame_Remoter.GPS_Ready=(RxBuf_Remoter[5]&0x02)>>1;
48.        Frame_Remoter.Sleep_Mode=(RxBuf_Remoter[5]&0x04)>>2;
49.        Frame_Remoter.Destination_Mode=(RxBuf_Remoter[5]&0x08)>>3;
50.        Frame_Remoter.Smart_Follow_Gest=(RxBuf_Remoter[5]&0x10)>>4;
51.        Frame_Remoter.Command=RxBuf_Remoter[6];
52.        for(temp1_int32=0;temp1_int32<8;temp1_int32++)
53.        {
54.            Frame_Remoter.CMD_Data[temp1_int32]=RxBuf_Remoter[7+temp1_int32];
55.        }
56.
57.  }
58.
59.  //更新遥控器发送函数，每15ms执行1次
60.  void Remoter_Tx_Update(void)
61.  {
62.        float temp_float;
63.
64.        //RF通信协议定义好的无人机发送帧数据结构
65.        TxBuf_Remoter[Index_Frame_Drone_To_Remoter_Status_1]=Flag_Drone_Status
  _1;//显示飞机状态
```

```
73.        temp_float+=900;
74.        temp_float=To_180_degrees(temp_float);
75.        TxBuf_Remoter[Index_Frame_Drone_To_Remoter_Yaw_1]=((int16_t)temp_float
)>>8;
76.        TxBuf_Remoter[Index_Frame_Drone_To_Remoter_Yaw_2]=((int16_t)temp_float
)&0x00FF;
77.        temp_float=real_height*0.1;//单位:mm
78.        TxBuf_Remoter[Index_Frame_Drone_To_Remoter_Distance_1]=((int16_t)temp_
float)>>8;
79.        TxBuf_Remoter[Index_Frame_Drone_To_Remoter_Distance_2]=((int16_t)temp_
float)&0x00FF;
80.        temp_float=exp_height*0.01;//单位:mm
81.        TxBuf_Remoter[Index_Frame_Drone_To_Remoter_Height_1]=((int16_t)temp_fl
oat)>>8;
82.        TxBuf_Remoter[Index_Frame_Drone_To_Remoter_Height_2]=((int16_t)temp_fl
oat)&0x00FF;
83.        temp_float=func_abs_float(exp_height_speed_Throttle*0.1);
84.        TxBuf_Remoter[Index_Frame_Drone_To_Remoter_Speed]=((int16_t)temp_float)
&0x00FF;
85.        TxBuf_Remoter[Index_Frame_Drone_To_Remoter_GPS_Info]=GPS_Data.SVS_Numb
er;
86.
87.
88.        //分时发送飞机数据
89.        Index_Tx_Remoter_Info++;
90.        if(Index_Tx_Remoter_Info>=10)
91.        {
92.            Index_Tx_Remoter_Info=1;
93.        }
94.        TxBuf_Remoter[13]=Index_Tx_Remoter_Info;//显示序号
95.        switch(Index_Tx_Remoter_Info)
96.        {
97.            case 1:
98.                TxBuf_Remoter[14]=((int16_t)IMU.Pitch)>>8;
99.                TxBuf_Remoter[15]=((int16_t)IMU.Pitch)&0x00FF;
100.               break;
101.           case 2:
102.               TxBuf_Remoter[14]=((int16_t)IMU.Roll)>>8;
103.               TxBuf_Remoter[15]=((int16_t)IMU.Roll)&0x00FF;
104.               break;
```

```
105.        case 3:
106.            TxBuf_Remoter[14]=((int16_t)Distance_Height)>>8;//单位:0.1m
107.            TxBuf_Remoter[15]=((int16_t)Distance_Height)&0x00FF;
108.            break;
109.        case 4:
110.            TxBuf_Remoter[14]=((int16_t)IMU_Data.Acc_Offset[2])>>8;
111.            TxBuf_Remoter[15]=((int16_t)IMU_Data.Acc_Offset[2])&0x00FF;
112.            break;
113.        case 5:
114.            TxBuf_Remoter[14]=((int16_t)Mag_Angle_Yaw)>>8;
115.            TxBuf_Remoter[15]=((int16_t)Mag_Angle_Yaw)&0x00FF;
116.            break;
117.        case 6:
118.            temp_float=m_value_avg_adc_BAT*10;///Proportion_Bat*1000;
119.            TxBuf_Remoter[14]=((int16_t)temp_float)>>8;
120.            TxBuf_Remoter[15]=((int16_t)temp_float)&0x00FF;
121.            break;
122.        case 7:
123.            TxBuf_Remoter[14]=((int16_t)IMU_Data.Acc_Body[Index_Pitch])>>8;
124.            TxBuf_Remoter[15]=((int16_t)IMU_Data.Acc_Body[Index_Pitch])&0x
00FF;
125.            break;
126.        case 8:
127.            TxBuf_Remoter[14]=((int16_t)IMU_Data.Acc_Body[Index_Roll])>>8;
128.            TxBuf_Remoter[15]=((int16_t)IMU_Data.Acc_Body[Index_Roll])&0x0
0FF;
129.            break;
130.        case 9:
131.            TxBuf_Remoter[14]=((int16_t)IMU_Data.Acc_Body[Index_Yaw])>>8;
132.            TxBuf_Remoter[15]=((int16_t)IMU_Data.Acc_Body[Index_Yaw])&0x00
FF;
133.            break;
134.    }
135.
136.    //IIC 发送状态数据
137.    IIC0_Bytes_Write(d_DEVICE_RFModule,0,Length_Frame_Drone_To_Remoter,TxB
uf_Remoter);
138.}
```

2. App 控制

（1）App 发送帧字节数据定义。

1.　　//APP 发送帧字节数据定义
2.　　//数据长度
3.　　#define Length_Frame_Wifi_TX_RX　　　　　　　　21
4.　　//校验码 0:0x55
5.　　#define DATA_Frame_Wifi_Check_0　　　　　　　　0x55
6.　　//校验码 1:0xAA
7.　　#define DATA_Frame_Wifi_Check_1　　　　　　　　0xAA
8.　　//校验码 0
9.　　#define Index_Frame_Wifi_Check_0　　　　　　　　0
10.　//校验码 1
11.　#define Index_Frame_Wifi_Check_1　　　　　　　　1
12.　//4 个方向的摇杆值
13.　#define Index_Frame_Wifi_Pitch　　　　　　　　2
14.　#define Index_Frame_Wifi_Roll　　　　　　　　3
15.　#define Index_Frame_Wifi_Yaw　　　　　　　　4
16.　#define Index_Frame_Wifi_Throttle　　　　　　5
17.　//实时状态位 1
18.　#define Index_Frame_Wifi_Status_1　　　6
19.　//实时状态位 2
20.　#define Index_Frame_Wifi_Status_2　　　7
21.　//功能字命令
22.　#define Index_Frame_Wifi_CMD　　　　　　　　8
23.　//功能字命令的附带数据 1
24.　#define Index_Frame_Wifi_CMD_Data1　　　9
25.　//功能字命令的附带数据 2
26.　#define Index_Frame_Wifi_CMD_Data2　　　10
27.　//功能字命令的附带数据 3
28.　#define Index_Frame_Wifi_CMD_Data3　　　11
29.　//功能字命令的附带数据 4
30.　#define Index_Frame_Wifi_CMD_Data4　　　12
31.　//功能字命令的附带数据 5
32.　#define Index_Frame_Wifi_CMD_Data5　　　13
33.　//功能字命令的附带数据 6
34.　#define Index_Frame_Wifi_CMD_Data6　　　14
35.　//功能字命令的附带数据 7
36.　#define Index_Frame_Wifi_CMD_Data7　　　15
37.　//功能字命令的附带数据 8

```
38.  #define Index_Frame_Wifi_CMD_Data8          16
39.  //功能字命令的附带数据 9
40.  #define Index_Frame_Wifi_CMD_Data9          17
41.  //功能字命令的附带数据 10
42.  #define Index_Frame_Wifi_CMD_Data10         18
43.  //心跳包
44.  #define Index_Frame_Wifi_Heartbeat          19
45.  //校验码
46.  #define Index_Frame_Wifi_CheckSum           20
```

（2）飞机发送给 App 的命令。

```
1.   //飞机发送给 APP 的命令
2.   //空闲
3.   #define Index_Drone_To_APP_CMD_Idle      0
4.   //反馈飞机信息 1
5.   #define Index_Drone_To_APP_CMD_Info_1       1
6.   //反馈飞机信息 2
7.   #define Index_Drone_To_APP_CMD_Info_2       2
8.   //反馈飞机信息 3:GPS
9.   #define Index_Drone_To_APP_CMD_GPS_Info     3
10.  //回复确认帧
11.  #define Index_Drone_To_APP_CMD_Confirm      4
```

（3）WIFI 双向控制程序。

```
1.   #include "Include_All.h"
2.
3.   GPS_Positon GPS_Wifi;
4.   Frame_Control_Struct Frame_Wifi;
5.
6.   uint8_t Uart_TxBuf_Wifi[32];
7.   //uint8_t RxBuf_Wifi[Length_Frame_Wifi_TX_RX]={DATA_Frame_Wifi_Check_0,DAT
A_Frame_Wifi_Check_1,0x80,0x80,0x80,0x80,0x01};//APP 通信接收帧
8.   uint8_t TxBuf_Wifi[Length_Frame_Wifi_TX_RX];//APP 通信发送帧
9.   uint8_t Uart_RxBuf_Wifi[Length_Frame_Wifi_TX_RX];
10.  uint8_t RxBuf_Wifi[Length_Frame_Wifi_TX_RX];//APP 通信接收帧
11.
```

```
12.  uint8_t Uart_RxCounter_Wifi = 0;
13.  uint8_t Index_Tx_Wifi_Info=0;//分时发送各种飞机状态信息
14.
15.
16.  uint32_t Cnt_Wifi_Lost_Det=0;//APP 通信的串口无连接超时计数器
17.
18.  void Wifi_Commuincation_Init(void)
19.  {
20.      USART_Config_Wifi_Communication();//Wifi 通信串口初始化
21.      Uart_RxCounter_Wifi = 0;
22.  }
23.
24.  //更新 Wifi 接收函数，每 60ms 执行 1 次
25.  void Wifi_Rx_Update(void)
26.  {
27.      int32_t temp1_int32;
28.
29.      //更新 Wifi 的控制帧数据
30.      if(Cnt_Wifi_Lost_Det<TH_Cnt_Wifi_Lost_Det)
31.      {
32.          //wifi 通信超时判断
33.          Cnt_Wifi_Lost_Det++;
34.          for(temp1_int32=0;temp1_int32<=Index_Frame_Wifi_CheckSum;temp1_int
32++)
35.          {
36.              //将串口接收中断缓存数据保存到外部缓存区
37.              RxBuf_Wifi[temp1_int32]=Uart_RxBuf_Wifi[temp1_int32];
38.          }
39.      }
40.      if((Cnt_Wifi_Lost_Det>=TH_Cnt_Wifi_Lost_Det)||(0x55!=RxBuf_Wifi[0])||(
0xAA!=RxBuf_Wifi[1]))
41.      {
42.          //超时、帧头错误都判断为失联
43.          RxBuf_Wifi[6]|=0x01;
44.      }
45.      if(RxBuf_Wifi[6]&0x01)
46.      {
47.          RxBuf_Wifi[2]=128;
48.          RxBuf_Wifi[3]=128;
```

```
49.          RxBuf_Wifi[4]=128;
50.          RxBuf_Wifi[5]=128;
51.          RxBuf_Wifi[6]&=0x01;
52.          RxBuf_Wifi[6]|=0x08;
53.          RxBuf_Wifi[7]=0x00;
54.          RxBuf_Wifi[8]=0x00;
55.      }
56.
57.      Frame_Wifi.Pitch=LIMIT2(my_deathzoom_int32(RxBuf_Wifi[2]-128,30),100);
58.      Frame_Wifi.Roll=LIMIT2(my_deathzoom_int32(RxBuf_Wifi[3]-128,40),100);
59.      Frame_Wifi.Yaw_Speed=LIMIT2(my_deathzoom_int32(RxBuf_Wifi[4]-128,30),1
00);
60.      Frame_Wifi.Throttle=LIMIT2(my_deathzoom_int32(RxBuf_Wifi[5]-128,30),10
0);
61.      Frame_Wifi.Comm_Lost=(RxBuf_Wifi[6]&0x01);
62.      Frame_Wifi.Speed_Setting=(RxBuf_Wifi[6]&0x06)>>1;
63.      Frame_Wifi.Position_Hold=(RxBuf_Wifi[6]&0x08)>>3;
64.      Frame_Wifi.Auto_Return=(RxBuf_Wifi[6]&0x10)>>4;
65.      Frame_Wifi.Headless=(RxBuf_Wifi[6]&0x20)>>5;
66.      Frame_Wifi.GPS_Follow=(RxBuf_Wifi[6]&0x40)>>6;
67.      Frame_Wifi.Surround=(RxBuf_Wifi[6]&0x80)>>7;
68.      Frame_Wifi.Video_Recode=(RxBuf_Wifi[7]&0x01);
69.      Frame_Wifi.GPS_Ready=(RxBuf_Wifi[7]&0x02)>>1;
70.      Frame_Wifi.Sleep_Mode=(RxBuf_Wifi[7]&0x04)>>2;
71.      Frame_Wifi.Destination_Mode=(RxBuf_Wifi[7]&0x08)>>3;
72.      Frame_Wifi.Smart_Follow_Gest=(RxBuf_Wifi[7]&0x10)>>4;
73.      Frame_Wifi.Command=RxBuf_Wifi[8];
74.      for(temp1_int32=0;temp1_int32<10;temp1_int32++)
75.      {
76.          Frame_Wifi.CMD_Data[temp1_int32]=RxBuf_Wifi[9+temp1_int32];
77.      }
78.
79.      //处理 Wifi 发送过来的数据，比如 GPS 信息、环绕信息、航点信息等
80.      if(Index_Control_CMD_GPS_Info==Frame_Wifi.Command)
81.      {
82.          Frame_Wifi.Command=0;//收到 GPS 状态更新命令不需要回复确认帧
83.
84.          if(Frame_Wifi.GPS_Ready)
85.          {
```

```
86.                    //获取 APP 的经纬度位置信息并进行滤波
87.                    temp1_int32=((int32_t)Frame_Wifi.CMD_Data[1]<<24)+((int32_t)Fr
ame_Wifi.CMD_Data[2]<<16)+((int32_t)Frame_Wifi.CMD_Data[3]<<8)+Frame_Wifi.CMD_D
ata[4];
88.                    if(0!=my_deathzoom_int32(temp1_int32-GPS_Wifi.Lon,20))
89.                    {
90.                        GPS_Wifi.Lon=temp1_int32;
91.                    }
92.                    temp1_int32=((int32_t)Frame_Wifi.CMD_Data[5]<<24)+((int32_t)Fr
ame_Wifi.CMD_Data[6]<<16)+((int32_t)Frame_Wifi.CMD_Data[7]<<8)+Frame_Wifi.CMD_D
ata[8];
93.                    if(0!=my_deathzoom_int32(temp1_int32-GPS_Wifi.Lat,20))
94.                    {
95.                        GPS_Wifi.Lat=temp1_int32;
96.                    }
97.                }
98.            }
99. }
100.
101.
102. //更新 Wifi 发送函数，每 60ms 执行 1 次
103. void Wifi_Tx_Update(void)
104. {
105.     uint8_t temp_uint8,temp_i;
106.     float temp_float;
107.
108.     TxBuf_Wifi[0]=0x55;//帧头 0x55/0xAA
109.     TxBuf_Wifi[1]=0xAA;
110.
111.     TxBuf_Wifi[2]=0;//协议保留字节，返回 0
112.     TxBuf_Wifi[3]=0;
113.     TxBuf_Wifi[4]=0;
114.     TxBuf_Wifi[5]=0;
115.     TxBuf_Wifi[6]=Flag_Drone_Status_1;//显示飞机状态
116.     TxBuf_Wifi[7]=Flag_Drone_Status_2;//显示飞机状态
117.     if(0!=Frame_Wifi.Command)
118.     {
119.         //收到 APP 发送的命令时优先回复命令确认帧
120.         TxBuf_Wifi[8]=Index_Drone_To_APP_CMD_Confirm;
121.         TxBuf_Wifi[9]=Frame_Wifi.Command;
```

```
122.        TxBuf_Wifi[10]=0x00;
123.        TxBuf_Wifi[11]=0x00;
124.        TxBuf_Wifi[12]=0x00;
125.        TxBuf_Wifi[13]=0x00;
126.        TxBuf_Wifi[14]=0x00;
127.        TxBuf_Wifi[15]=0x00;
128.        TxBuf_Wifi[16]=0x00;
129.        TxBuf_Wifi[17]=0x00;
130.        TxBuf_Wifi[18]=0x00;
131.    }
132.    else
133.    {
134.        //计时定时往 APP 发送飞机的状态信息
135.        Index_Tx_Wifi_Info++;
136.        if(Index_Tx_Wifi_Info>=10)
137.        {
138.            //60ms*10=600ms
139.            Index_Tx_Wifi_Info=0;
140.        }
141.
142.        if(0==Index_Tx_Wifi_Info)
143.        {
144.            //发送飞机状态信息
145.            TxBuf_Wifi[8]=Index_Drone_To_APP_CMD_Info_1;
146.            TxBuf_Wifi[9]=m_value_avg_adc_BAT;//显示电压值
147.            //LIMIT(m_value_avg_adc_BAT/TH_Value_Voltage_Battery*100,0,100);
//显示电量百分比
148.            TxBuf_Wifi[10]=Speed_Flight;//单位:0.1m/s;
149.            temp_float=real_speed_height*0.01;
150.            TxBuf_Wifi[11]=temp_float;//单位:0.1m/s;
151.            temp_float=Distance_Ground;//单位:0.1m
152.            TxBuf_Wifi[12]=((int16_t)temp_float)>>8;
153.            TxBuf_Wifi[13]=((int16_t)temp_float)&0x00FF;
154.            temp_float=Distance_Height;//单位:0.1m
155.            TxBuf_Wifi[14]=((int16_t)temp_float)>>8;
156.            TxBuf_Wifi[15]=((int16_t)temp_float)&0x00FF;
157.            TxBuf_Wifi[16]=0;
158.            TxBuf_Wifi[17]=0;
159.            TxBuf_Wifi[18]=0;
160.
```

```
161.        }
162.        else if(1==Index_Tx_Wifi_Info)
163.        {
164.            //发送飞机状态信息
165.            TxBuf_Wifi[8]=Index_Drone_To_APP_CMD_Info_2;
166.            TxBuf_Wifi[9]=((int16_t)IMU.Pitch)>>8;
167.            TxBuf_Wifi[10]=((int16_t)IMU.Pitch)&0x00FF;
168.            TxBuf_Wifi[11]=((int16_t)IMU.Roll)>>8;
169.            TxBuf_Wifi[12]=((int16_t)IMU.Roll)&0x00FF;
170.            //将正北 0/顺时针/正东 90 改成正北 90/逆时针/正东 0
171.            temp_float=IMU.Yaw;
172.            temp_float=-temp_float;
173.            temp_float+=900;
174.            temp_float=To_180_degrees(temp_float);
175.            TxBuf_Wifi[13]=((int16_t)temp_float)>>8;
176.            TxBuf_Wifi[14]=((int16_t)temp_float)&0x00FF;
177.            TxBuf_Wifi[15]=((int32_t)(m_height_Altitude_real)) >> 24;
178.            TxBuf_Wifi[16]=((int32_t)(m_height_Altitude_real)) >>16;
179.            TxBuf_Wifi[17]=((int32_t)(m_height_Altitude_real)) >> 8;
180.            TxBuf_Wifi[18]=((int32_t)(m_height_Altitude_real)) & 0x00FF;
181.        }
182.        else if(2==Index_Tx_Wifi_Info)
183.        {
184.            //发送飞机状态信息
185.            TxBuf_Wifi[8]=Index_Drone_To_APP_CMD_GPS_Info;
186.            TxBuf_Wifi[9]=GPS_Data.SVS_Number;
187.            TxBuf_Wifi[10]=((int32_t)(GPS_Data.Lon)) >> 24;
188.            TxBuf_Wifi[11]=((int32_t)(GPS_Data.Lon)) >>16;
189.            TxBuf_Wifi[12]=((int32_t)(GPS_Data.Lon)) >> 8;
190.            TxBuf_Wifi[13]=((int32_t)(GPS_Data.Lon)) & 0x00FF;
191.            TxBuf_Wifi[14]=((int32_t)(GPS_Data.Lat)) >> 24;
192.            TxBuf_Wifi[15]=((int32_t)(GPS_Data.Lat)) >>16;
193.            TxBuf_Wifi[16]=((int32_t)(GPS_Data.Lat)) >> 8;
194.            TxBuf_Wifi[17]=((int32_t)(GPS_Data.Lat)) & 0x00FF;
195.            TxBuf_Wifi[18]=0;
196.        }
197.        else
198.        {
199.            //空闲命令字时数据清零
200.            TxBuf_Wifi[8]=0;
```

```
201.            TxBuf_Wifi[9]=0;
202.            TxBuf_Wifi[10]=0x00;
203.            TxBuf_Wifi[11]=0x00;
204.            TxBuf_Wifi[12]=0x00;
205.            TxBuf_Wifi[13]=0x00;
206.            TxBuf_Wifi[14]=0x00;
207.            TxBuf_Wifi[15]=0x00;
208.            TxBuf_Wifi[16]=0x00;
209.            TxBuf_Wifi[17]=0x00;
210.            TxBuf_Wifi[18]=0x00;
211.        }
212.    }
213.    TxBuf_Wifi[19]+=1;//心跳包:+1
214.
215.    //添加校验码
216.    temp_uint8=0;
217.    for(temp_i=0;temp_i<=19;temp_i++)
218.    {
219.        temp_uint8+=TxBuf_Wifi[temp_i];
220.    }
221.    TxBuf_Wifi[20]=temp_uint8;
222.
223.
224.    UART_Write_DMA(TxBuf_Wifi,21);
225.}
```

```
205.            TxBuf_Wifi[13]=0x00;
206.            TxBuf_Wifi[14]=0x00;
207.            TxBuf_Wifi[15]=0x00;
208.            TxBuf_Wifi[16]=0x00;
209.            TxBuf_Wifi[17]=0x00;
210.            TxBuf_Wifi[18]=0x00;
211.        }
212.    }
213.    TxBuf_Wifi[19]+=1;//心跳包:+1
214.
215.    //添加校验码
216.    temp_uint8=0;
217.    for(temp_i=0;temp_i<=19;temp_i++)
218.    {
219.        temp_uint8+=TxBuf_Wifi[temp_i];
220.    }
221.    TxBuf_Wifi[20]=temp_uint8;
222.
223.
224.    UART_Write_DMA(TxBuf_Wifi,21);
225.}
```

6.7　无人机集群控制

6.7.1　无人机集群控制概述

单一无人机由于资源的限制无法完成某些大规模的任务，由单一无人机向多机协作转变是无人机发展的一大趋势，多架无人机形成集群编队可以完成单架无人机无法完成的任务，如多机协同搜索等。相比单架无人机，无人机集群能节约能耗、提高作战效率，完成任务的成功率也会更大。由于多架无人机可以相互协作，不会出现因为单架无人机出现故障而被迫终止任务的情况。

无人机集群在执行任务或飞行表演时，需要完成队形组成、队形维持、队形转换和躲避障碍功能，因此编队控制至关重要。编队控制策略有不同的分类方法，比如依据无人机之间的通信方式可分为集中式控制方法、分布式控制方法和分散式控制方法；依据编队控制思想可分为 Leader – follower 集群控制方法、虚拟结构控制方法等。

1. Leader – follower 集群控制方法

Leader – follower 集群控制方法是目前无人机最常用的编队控制方法之一。在集群中选择一架无人机作为领航者（Leader），其他无人机作为跟随者（Follower）。跟随者随着领航者移动，并与领航者保持一定的构型，如图 6.29 所示。领航者根据任务独立移动，跟踪预先规划好的轨迹，跟随者根据直接（与领航者进行通信）或间接（与其他跟随者通信）接收到的领航者信息进行相应的计算控制。

这种方法的优点是可以将多机飞行的问题转换成单机飞行的控制，缺点是整个系统的稳定性很大程度上取决于领航者，依赖性较强，一旦领航者出现问题，整个系统将崩溃，除此之外，编队系统也容易受到外界的干扰。

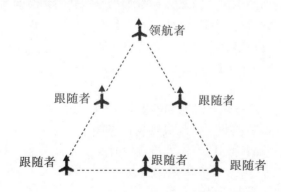

图 6.29　Leader – follower 集群控制方法示意图

2. 虚拟结构控制方法

虚拟结构控制方法的基本思想是将无人机编队看作一个刚性的虚拟结构，虚拟结构有一个虚拟的几何中心，控制中心根据编队结构计算出所有节点相对几何中心的角度和位置信息，再将这些信息广播到各节点或直接将控制信息传输到各节点，每个节点追随虚拟的几何中心进行移动。图6.30为虚拟结构控制方法示意图。

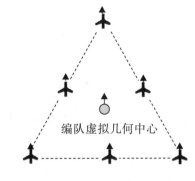

图 6.30　虚拟结构控制方法示意图

虚拟结构控制方法所采用的通信模式可以分为两类：①无反馈和相邻节点交互；②有反馈和相邻节点交互。当不考虑反馈和相邻节点交互时，所有信息均由控制中心发向每一个节点，节点收到信息后无反馈信息给控制中心，且相邻节点之间也没有通信，因此属于单向星型拓扑结构。这种模式的编队可靠性比较低，可能导致节点的实际位置与期望位置偏离较大。增加了反馈以及相邻节点通信后，通信拓扑变为网状结构，使编队的稳定性和可靠性得以提升。

虚拟结构控制方法属于集中式控制，由控制中心计算每一个节点的位置，并把信息发送给每一个节点，因此对控制中心的计算能力和通信能力均有比较高的要求。另外，因为控制中心向各个节点发送信息有先后之分，如果延时严重，不同节点收到信息的时间差会比较大，可能会因此破坏编队的稳定性，故对通信延时的要求也比较高。

6.7.2　集群定位方法

要实现无人机编队集群的控制，首先要解决的是无人机定位的问题。传统的 GPS 定位误差在 3 米左右，气压计的误差也在米级别，而要实现完美的编队控制，需要使用更高精度的定位，误差在厘米级别。目前主流的方案有 RTK 定位技术和 UWB 定位技术。

1. RTK 定位技术

RTK（Real-Time Kinematic）是实时动态差分方法，又称载波相位差分技术，是 GPS 技术和数据传输技术的一种组合。传统的 GPS 如果要达到厘米级的精度，通常需要经过事后的解算，而不能做到实时性。RTK 定位技术就是基于载波相位观测值的实时动态定位技术，它能够实时地提供测站点在指定坐标系中的三维定位结果，并达到厘米级精度。

GPS 卫星在空中连续发送带有时间和位置信息的无线电信号，供 GPS 接收机接收。接收机接收到信号的时刻减去卫星发送信号的时刻即为信号传输的时间差，利用此时间差可以计算出接收机距离卫星的距离，在已知卫星坐标的情况下，可以通过解方程组求得接收机的坐标。由于方程需要求解四个未知量（x，y，z，t），因此至少需要 4 颗卫星才能对接收机进行定位，如图 6.31 所示。

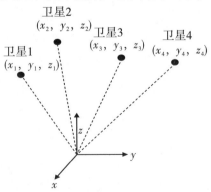

图 6.31　GPS 定位原理

但由于各种原因，通过 GPS 得到的定位和实际位置存在误差，RTK 即是通过减少误差来提高定位精度。RTK 系统由基准站和流动站两部分组成，具体到无人机的定位上，基准站放置在地面，流动站放置在无人机上。RTK 模式数据链如图 6.32 所示。高质量的 GPS 接收机，放在已知坐标的基准站上。基准站根据自己获得的 GPS 定位，与已知真实坐标进行差分，获得校准值，并实时将该校正值通过数据链发送给流动站，流动站用该校准值对接收到的 GPS 信号进行校正，即可得到更加准确的地理坐标。

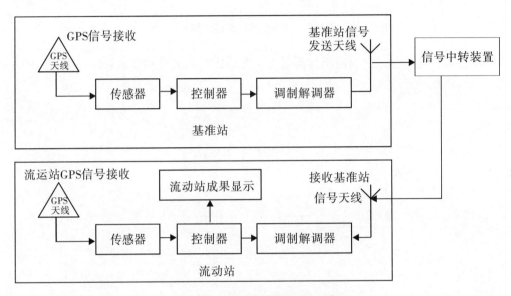

图 6.32　RTK 模式数据链示意图

2. UWB 定位技术

前面介绍的 RTK 定位技术是基于 GPS 信号，不适用于室内定位。UWB（Ultra Wide Band）是一种超宽带定位技术，可实现室内和室外的高精度定位。

超宽带技术是一种全新的、与传统通信技术有极大差异的通信新技术。它不需要使用传统通信体制中的载波，而是通过发送和接收具有纳秒或纳秒级以下的极窄脉冲来传输数据，从而具有 GHz 量级的带宽。它具有穿透力强、功耗低、安全性强、能提高定位精度等优点。

UWB 的定位原理与卫星定位原理相似，需要布置 4 个已知坐标的定位基站。待定位的设备携带定位标签，再配以无线传输装置和显示设备，即可构成一个 UWB 定位系统，如图 6.33 所示。

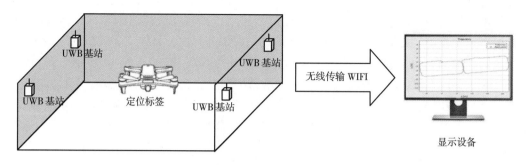

图 6.33　UWB 定位系统的构成

定位标签和各个基站之间的距离测量方法有单边双向测距和双边双向测距等。图 6.34 为单边双向测距示意图。

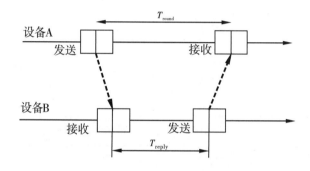

图 6.34　单边双向测距示意图

设备 A 发送数据给设备 B,并记录发送时间戳,设备 B 接收到数据之后记录接收时间戳,经过一个延时后,设备 B 发送回应给设备 A,同时记录发送时间戳,设备 A 接收后记录接收时间戳。这样,根据 4 个时间戳可以计算出两个时间差,分别是 T_{round} 和 T_{reply},最终得到无线信号在两台设备中单程飞行的时间:

$$T_{\text{f}} = \frac{T_{\text{round}} - T_{\text{reply}}}{2}$$

两个时间差都是基于本地的时钟计算的,本地时钟误差可以抵消,但是两台设备之间的时钟偏移会给飞行时间的计算带来误差,从而对最终的距离测量带来误差,在精度要求比较高的时候,应采用双边双向测距的方法,如图 6.35 所示。

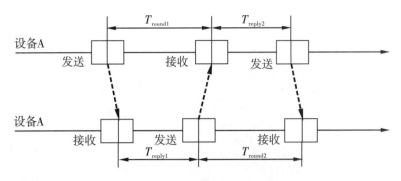

图 6.35　双边双向测距示意图

可以看出双边双向测距方法多了一次设备 A 向设备 B 发送数据的过程，这样我们可以得到 4 个时间差：T_{round1}、T_{round2}、T_{reply1} 和 T_{reply2}，而信号的单程飞行时间可通过下式进行计算：

$$T_f = \frac{T_{round1} \times T_{round2} - T_{reply1} \times T_{reply2}}{T_{round1} + T_{round2} + T_{reply1} + T_{reply2}}$$

双边双向测距虽然增加了响应的时间，但是测距误差会降低，提高了测量精度。获得标签和各个定位基站之间的距离，则可以通过解算得到标签所处的位置坐标。

6.7.3　昂宝集群控制协议

OBP8005B 既可以通过 PC 对单机进行编程，实现单机飞行，也可以对多机同时进行编程，实现编队集群控制。编队功能采用自研多机设备无线组网和实时控制技术。通过广播命令、分组命令和设备 ID（唯一）号命令等简单的控制方式就能实现广播、单机、多机等实时同步控制，另外还能兼容无人机、智能小车和智能小机械臂等更多智能科教终端设备。图 6.36 为多机飞行控制场景。

图 6.36　多机飞行控制场景

1. 通信拓扑框图

昂宝无人机多机编队飞行控制采用集中式地面基站（Dongle）控制模式，通信拓扑框图如图 6.37 所示，地面基站与各个无人机之间采用双向星型拓扑，地面基站发送信息给无人机，无人机也反馈信息给地面基站，但是无人机相互之间没有通信。

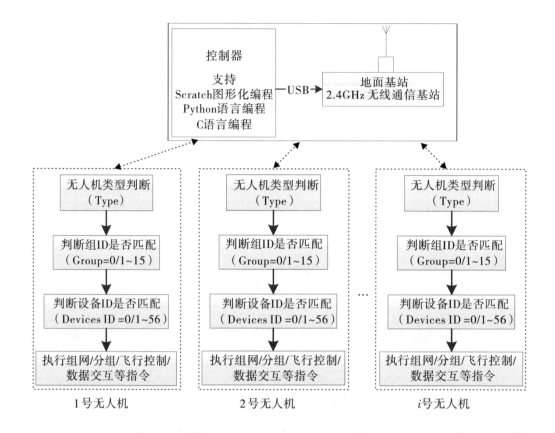

图 6.37　昂宝无人机多机编队飞行控制通信拓扑框图

2. 通信接口

地面基站和无人机之间的通信采用串口 UART 双向通信，串口波特率 115 200，1 个启动位，1 个停止位，双向通信相互独立，没有主从关系，双向传输数据帧都是定长帧，帧长为 18 字节。

3. 地面基站下发数据帧

地面站向无人机发送的下发数据帧包括 18 个字节，如表 6.3 所示。

表 6.3　数据帧字节

帧头	实时遥杆数据	控制模式	组 ID	设备类型	功能字	功能字数据	设备 ID
2 bytes	4 bytes	1 byte	4 bits	4 bits	1 byte	8 bytes	1 byte

表 6.4 是对帧格式的详细说明。

表 6.4　帧格式说明

数据项	数据序号	名称	类型	说明
帧头	Byte 1~2	帧头	Uint8	0xff 0x55
实时遥杆数据	Byte 3	俯仰角控制	Int8	俯仰角目标值，128 为水平值，0 为前俯冲最大角度，255 为后仰退最大角度，默认值：0x80
	Byte 4	横滚角控制	Int8	横滚角目标值，128 为水平值，0 为左侧飞最大角度，255 为右侧飞最大角度，默认值：0x80
	Byte 5	偏航角控制	Int8	偏航角目标值，128 为水平值，0 为左旋最大速度，255 为右旋最大速度，默认值：0x80
	Byte 6	高度控制	Int8	油门目标值，128 为定高水平值，0 为下降最快油门，255 为上升最快油门，默认值：0x80
控制模式	BIT 0	失联	Bit	1 表示失联，默认值 0；这个位由 WIFI 图传模块负责判断 App 是否失联（超时 8s），如果失联则置位；App 发送帧该位始终为 0
	BIT 1：2	挡位设置	Bit	飞行挡位设置：00：1 挡，01：2 挡，10：3 挡，11：4 挡，默认值 00
	BIT 3	定点/手动模式	Bit	1 表示定点模式，0 表示手动模式，默认值 1
	BIT 4	返航模式	Bit	1 表示进入返航模式，默认值 0
	BIT 5	无头模式	Bit	1 表示进入无头模式，默认值 0
	BIT 6	跟随模式	Bit	1 表示进入跟随模式，默认值 0；跟随、环绕和航点飞行模式只能多选 1，不能同时置位
	BIT 7	环绕模式	Bit	1 表示进入环绕模式，默认值 0；在用户按下"进入环绕"功能键后，App 发送"环绕功能信息"，同时将环绕模式状态位置位；跟随、环绕和航点飞行模式只能多选 1，不能同时置位
组 ID	BIT 4：7	组 ID	Bit	组 ID 序号，取值范围 0 ~ 15，0 表示组广播，所有设备响应，1 ~ 15 表示对应组响应

（续上表）

数据项	数据序号	名称	类型	说明
设备类型	BIT 0 : 3	设备类型	Bit	设备类型序号，取值范围 0 ~ 15，0 表示所有设备类型都响应，1 ~ 15 表示对应设备类型响应；目前已支持设备类型如下：01：飞机，02：小车，03：机械臂
功能字	Byte 8	功能命令	Uint8	0 表示空闲，1 ~ 255 表示不同功能（命令），具体在后续章节展开
功能字数据	Byte 9 ~ 16	功能命令	Uint8	对应功能字（命令）的数据
设备 ID	Byte 18	设备 ID	Uint8	设备 ID 序号，取值范围 0 ~ 255，0 表示设备广播，所有设备响应，1 ~ 255 表示对应设备响应

举例：0xff 0x550x80 0x80 0x80 0x800x08 0x01 0x00 0x00 0x00 0x00 0x00 0x000x00 0x00 0x00 0x00。

地面基站下发命令包括：

（1）设备对码命令（PC 发送给地面基站，并不下发到终端设备），见表 6.5。

表 6.5　命令格式

数据项	数据序号	名称	类型	说明
设备 ID	Byte 1	设备 ID	Uint8	设备 ID 序号，有效取值范围 1 ~ 56

举例：0xff 0x550x80 0x80 0x80 0x80 0x08 0x00 0x01 0x00 0x00 0x00 0x00 0x00 0x00 0x00 0x00 0x01。

（2）请求设备返回数据命令（PC 发送给地面基站，并不下发到终端设备），见表 6.6。

表 6.6　命令格式

数据项	数据序号	名称	类型	说明
设备类型	BIT：0 ~ 3	设备类型	Bit	设备类型序号，取值范围 0 ~ 15，0 表示组广播，所有设备响应，1 ~ 15 表示对应组响应。01：飞机；02：小车；03：机械臂
设备 ID	Byte 1	设备 ID	Uint8	设备 ID 序号，有效取值范围 1 ~ 56

举例：0xff 0x550x80 0x80 0x80 0x80 0x08 0x00 0x01 0x00 0x00 0x00 0x00 0x00 0x00 0x00 0x00 0x01。

（3）设备分组命令见表 6.7。

表 6.7　分组命令格式

数据项	数据序号	名称	类型	说明
设备类型	BIT：0~3	设备类型	Bit	设备类型序号，取值范围 0~15，0 表示组广播，所有设备响应，1~15 表示对应组响应。01：飞机
功能字数据	Byte 1	分配组 ID	Uint8	设置组 ID 号，取值范围 1~15，0：表示无效分组，1~15：表示有效对应组，16~255：表示无效分组
	Byte 2~8	入组设备 ID 号	Bit	7 个字节共对应 7×8Bit＝56 个比特位，分别指示对应的设备 ID 号 1~56 是否加入该组，低位 Bit 对应低位设备 ID。比如 Bit1 对应 ID 号为 1 的设备，Bit56 对应 ID 号为 56 的设备。Bit 值的意义：1：加入该组；0：不加入该组

举例：0xff 0x550x80 0x80 0x80 0x80 0x08 0x01 0xef 0x07 0x0a 0xaa 0xaa 0xaa 0xaa 0xaa 0xaa 0x00 表示将设备 ID 号为 2/4/6/8/10/12/14/16/18/20/22/24/26/28/30/32/34/36/38/40/42/44/46/48/50/52 的设备加入组 ID 为 7 的组中。

4. 终端对地面基站的响应

终端只在收到属于自己设备 ID 号的数据帧才会进行数据交互并返回，对广播帧和组控帧都不发送响应数据帧，避免出现多设备同时返回数据帧而出现通信阻塞问题。也可以说终端和地面基站的交互是采用轮询的方式实现的。具体流程如图 6.38 所示。

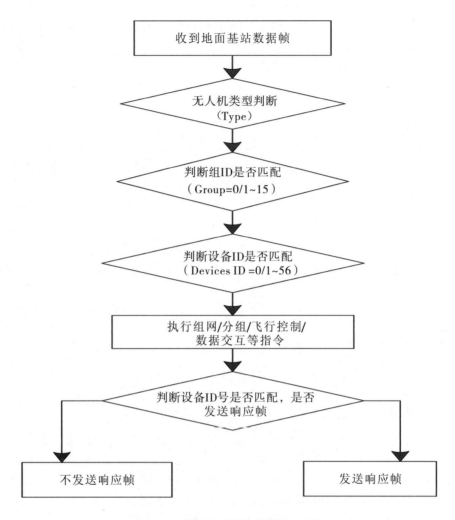

图 6.38　终端与地面基站的交互流程

在收到数据帧后，首先判断设备类型是否匹配，然后判断组 ID 是否匹配，最后判断设备 ID 号是否匹配。以上都匹配则响应该数据帧，否则不响应。其响应判断优先级顺序如图 6.39 所示：

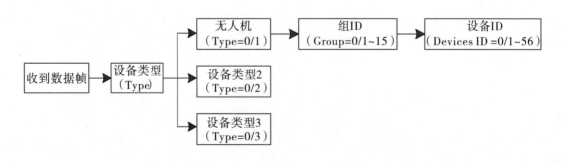

图 6.39　终端响应控制命令顺序

终端向地面基站发回的上传数据帧同样包含 18 个字节，其格式见表 6.8。

表 6.8 上传数据帧格式

帧头	实时数据 1	设备标识符	实时数据 2
0xff 0x55	12 bytes	0xff	3 bytes

其中实时数据 1 部分包含了无人机的姿态、高度、光流位移等数据，见表 6.9。

表 6.9 数据内容

数据项	数据序号	名称	类型	说明
实时数据 1	Byte 1 ~ 2	当前 Pitch 角	Int16	Pitch 方向的角度，单位：0.1°
	Byte 3 ~ 4	当前 Roll 角	Int16	Roll 方向的角度，单位：0.1°
	Byte 5 ~ 6	当前 Yaw 角	Int16	Yaw 方向的角度，单位：0.1°
	Byte 7 ~ 8	当前高度	Int16	高度，单位：cm
	Byte 9 ~ 10	当前前后方向的位移	Int16	位移量，单位：cm
	Byte 11 ~ 12	当前左右方向的位移	Int16	位移量，单位：cm
实时数据 2	Byte 1	当前电压	Uint8	电池电压值，单位：0.1V
	Byte 2 ~ 3	未定义	未定义	

举例：0xff 0x550x00 0x00 0x00 0x000x00 0x000x00 0x00 0x00 0x00 0x00 0x000xff 0x00 0x00 0x00。

6.7.4 昂宝集群控制实现代码

1. 无人机对地面基站数据帧进行 ID 匹配判断和响应程序段

```
1.  //对接收的数据帧进行设备 ID 号判断和响应
2.  temp_Device_Type=RF_RX_Data[Index_Frame_Remote_Status_2]&0x0F;//取低四位
3.  if(temp_Device_Type==0x00||temp_Device_Type==Value_Device_Type_Drone)
4.  {
5.  //首先判断设备类型是否匹配
6.  temp_Group=RF_RX_Data[Index_Frame_Remote_Status_2]&0xF0;//取高四位
7.  temp_Group>>=4;
```

8. if(temp_Group==0x00||RF_Group_Devices[temp_Group-1]!=0))//然后判断组 ID 是否匹配

9. {

10. temp_Device_ID=RF_RX_Data[Index_Frame_Remote_Heartbeat];

11. //最后判断设备 ID 是否匹配

12. if(temp_Device_ID==0x00||temp_Device_ID==RF_ID_Devices||RF_ID_Devices==0x00)

13. {

14. //判断结束，确认当前帧为本设备需要响应的数据帧

15. for(temp_i=0; temp_i<RX_PACKET_LEN; temp_i++)

16. {

17. RxBuf_Remoter[temp_i]=RF_RX_Data[temp_i];

18. }

19. flag_RF_recieve_lost_det=0;

20. if((temp_Device_ID==RF_ID_Devices

21. && temp_Device_Type==Value_Device_Type_Drone

22. && temp_Group==0x00)||(temp_Device_ID==0x00

23. && temp_Device_Type==0x00

24. && temp_Group==0x00))

25. {

26. //对数据帧进行应答

27. flag_RF_tram_ready=1;//启动应答发送

28. }

29. }

30. }

31. }

2. 无人机对地面基站发送的分组命令进行处理程序段

1. case Index_Remote_CMD_Set_Group_ID://设置分组命令

2. temp_uint8=RxBuf_Remoter[Index_Frame_Control_CMD+1];//读取分组 ID 号

3. if(temp_uint8>=1&&temp_uint8<=TH_Num_RF_Group_Devices&&RF_ID_Devices!=0)

4. {

5. //对组序号进行有效值判断

6. temp2_uint8=0;//初始化标记不加入组

7. if(RF_ID_Devices>=1&&RF_ID_Devices<=8)

8. {

9. //判断当前设备是否要加入该组

10. if(RxBuf_Remoter[Index_Frame_Control_CMD+2]&(0x01<<(RF_ID_Devices-1)))

11. {

```
12.          temp2_uint8=1;// 标记加入组
13.        }
14.      }
15.      else if(RF_ID_Devices>=9&&RF_ID_Devices<=16)
16.      {
17.        //判断当前设备是否要加入该组
18.        if(RxBuf_Remoter[Index_Frame_Control_CMD+3]&(0x01<<(RF_ID_Devices-9)))
19.        {
20.            temp2_uint8=1;//标记加入组
21.        }
22.      }
23.      else if(RF_ID_Devices>=17&&RF_ID_Devices<=24)
24.      {
25.        //判断当前设备是否要加入该组
26.        if(RxBuf_Remoter[Index_Frame_Control_CMD+4]&(0x01<<(RF_ID_Devices-17)))
27.        {
28.            temp2_uint8=1;//标记加入组
29.        }
30.      }
31.      else if(RF_ID_Devices>=25&&RF_ID_Devices<=32)
32.      {
33.        //判断当前设备是否要加入该组
34.        if(RxBuf_Remoter[Index_Frame_Control_CMD+5]&(0x01<<(RF_ID_Devices-25)))
35.        {
36.          temp2_uint8=1;// 标记加入组
37.        }
38.      }
39.      else if(RF_ID_Devices>=33&&RF_ID_Devices<=40)
40.      {
41. //判断当前设备是否要加入该组
42.        if(RxBuf_Remoter[Index_Frame_Control_CMD+6]&(0x01<<(RF_ID_Devices-33)))
43.        {
44.            temp2_uint8=1;//标记加入组
45.        }
46.      }
```

```
47. else if(RF_ID_Devices>=41&&RF_ID_Devices<=48)
48. {
49.        //判断当前设备是否要加入该组
50.        if(RxBuf_Remoter[Index_Frame_Control_CMD+7]&(0x01<<(RF_ID_Devices-41
    )))
51.          {
52.            temp2_uint8=1;//标记加入组
53.          }
54. }
55. else if(RF_ID_Devices>=49&&RF_ID_Devices<=56)
56. {
57.        //判断当前设备是否要加入该组
58.        if(RxBuf_Remoter[Index_Frame_Control_CMD+8]&(0x01<<(RF_ID_Devices-4
    9)))
59.          {
60.            temp2_uint8=1;//标记加入组
61.          }
62. }
63. RF_Group_Devices[temp_uint8-1]=temp2_uint8;//执行加入组或者退出组操作
64. }
break;
```

第7章 无人机智能化

7.1 智能化简介

智能化指的是事物在人工智能、大数据、物联网、传感器等科学技术的支持下，具备自主完成任务的能力。比如无人驾驶汽车技术能够使汽车自主驾驶，而不需要人去协助。在众多智能化技术中，人工智能的贡献尤为突出，这得益于人工智能本身的发展，尤其是深度神经网络在语音、图像等方面的发展与应用。接下来，我们将在本节介绍一些智能化基础概念。

7.1.1 人工智能

人工智能（Artificial Intelligence，简称 AI），是指计算机像人一样拥有智能能力，是一个融合计算机科学、统计学、脑神经学和社会科学的前沿综合学科，是用于模拟、延伸和扩展人的智能的理论、方法、技术及应用系统，可以代替人类实现识别、认知、分析和决策等多种功能。人工智能的发展历经波折，如图 7.1 所示，从 1950 年开始，历经多次兴衰，伴随深度学习、计算机技术、大数据等的发展，如今人工智能正处于高速发展期。

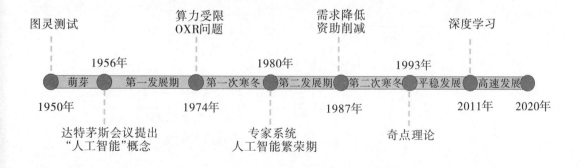

图 7.1 人工智能的发展阶段史

机器学习（Machine Learning，简称 ML）是实现人工智能的基础。机器学习使计算机能模拟或实现人类的学习行为，以获取新的知识或技能，并重新组织已有的知识结构从而不断改善自身的性能。

深度学习（Deep Learning，简称 DL）即深化机器学习。深度学习的思想就是堆叠多个层，上一层的输出作为下一层的输入，通过这种方式实现对输入信息进行分层表达。深度学习通过组合低层特征，形成更加抽象的高层属性类别或特征，以发现数据的分布式特征。深度学习的实际做法，可通过构建具有很多隐含层的机器学习模型和海量的训练数据，来获得更有用的特征，从而最终提升分类或预测的准确性。因此，深度学习的终极目的是"特征学习"，而其使用的手段是"深度模型"。

三者的关系如图 7.2 所示。其中，人工智能让机器展现出人类的智能，机器学习为人工智能的实现提供方法，而深度学习为机器学习提供更有效的方法。

图 7.2　人工智能、机器学习、深度学习三者关系

7.1.2　神经网络

人工神经元：模拟生物神经元的数学模型，如图 7.3 所示。

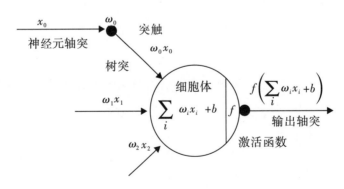

图 7.3　人工神经元模型

图中 x_i 为其他神经元传入的信号，以权重 ω_i 并外加阈值 b 作为整体输入信号，刺激细胞体，在经过细胞体函数 f 处理，输出 $f\left(\sum_i \omega_i x_i + b\right)$。

人工神经网络（Artificial Neural Network，简称 ANN）是由多个人工神经元连接构成的网络，是一种模仿生物神经网络的结构和功能的数学模型或计算模型。图 7.4 就是一个由多个神经元连接构成的层状人工神经网络，其中神经元为同一层不连接、相邻层完全连接的层状构架。值得指出的是，人工神经网络的构架是多样化的，不是单一的。

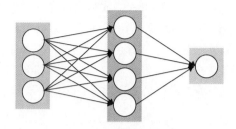

图 7.4　人工神经网络

深度神经网络（Deep Neural Network，简称 DNN）可理解为有多个隐含层的神经网络。DNN 有时也叫做多层感知机（Multi-Layer Perceptron，简称 MLP）。DNN 内部的神经网络层可以分为三类，输入层、隐含层和输出层，如图 7.5 所示。一般来说第一层是输入层，最后一层是输出层，中间层都是隐含层。图 7.5 为一个 5 层的 DNN，其中有 3 层隐含层。

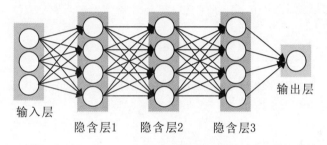

图 7.5　5 层的深度神经网络

卷积神经网络（Convolutional Neural Network，简称 CNN）指的是将每一层的神经元功能化，将中间的隐含层功能化为卷积层、采样层、全连接层等，再构成类似传统的层状深度神经网络，是深度神经网络的改进。图 7.6 是卷积神经网络的示意图。此类型神经网络的关键在于通过卷积层的卷积操作，将可能的潜在特征提取出来，最后根据这些特征，实现事物识别、分类，甚至预测。

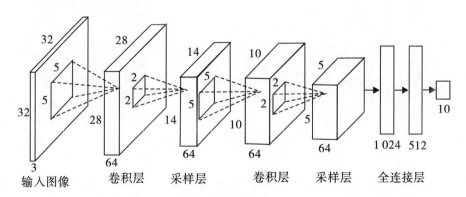

图 7.6　卷积神经网络

卷积计算是卷积神经网络的核心，接下来我们将以图片的卷积计算为例，让读者了解卷积计算的过程以及卷积计算的意义。首先，图片在计算机中是以数组数据形式存储的，卷积运算是用卷积核针对图片数组进行运算得到卷积结果。其中，卷积核如同滤波器，过滤出需要的特征，卷积结果就是按照卷积核提取出来的特征。图7.7中，5×5 大小的图片数组与 3×3 大小的卷积核数组进行运算，其计算方式是对应位置数值相乘再求和，最后得到卷积结果。图7.7 是对图片左上角位置 3×3 数组进行卷积运算的过程，如需对整个图片数组进行卷积运算，则只需要将卷积核按照一定规律进行滑动计算，最终输出卷积结果的数组，其第一个值的计算为 $1\times0+0\times1+1\times0+0\times1+1\times0+1\times1+1\times0+1\times1+0\times0=2$。

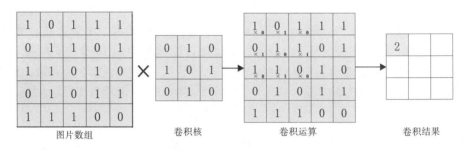

图7.7　图片数组的卷积计算过程

为了更好地理解卷积操作的目的——提取特征，我们将同一图片进行了不同卷积核的卷积操作，其效果如图7.8 所示。

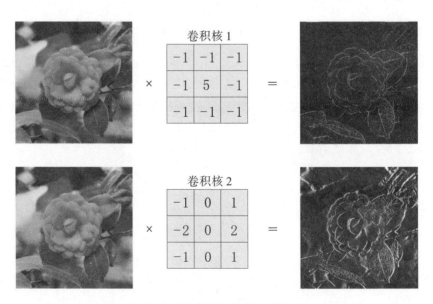

图7.8　图片卷积操作后的效果图

从图7.8 中，我们明显感觉到上下两个卷积核都能够将图片的边沿特征进行部分提取，对部分色彩特征进行抑制。但是卷积核 1 与卷积核 2 分别卷积后的结果差异还是非常明显的，说明不同的卷积核对同一图片的特征提取与抑制是有所侧重的。也就说，卷积核的选取对特征提取与抑制有着重要影响。

7.1.3　机器视觉

机器视觉又称计算机视觉，顾名思义是一门"教"会计算机如何去"看"世界的学科。进一步地说，就是以光电传感器和计算机为核心，来模拟生物视觉系统，对目标进行识别、跟踪和测量等。

灰度图又称灰阶图。把白色与黑色之间按对数关系分为若干等级，称为灰度。灰度一般分为 256 阶。灰度图的存储是以二维数组的形式存储在计算机中的。图 7.9 是灰度照片及局部放大和对应存储的数组数据。

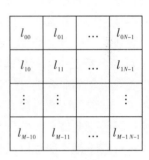

灰度照片　　　　　　　局部放大　　　　　　　数组数据

图 7.9　灰度图相关

彩色图，即有色彩的图片，最为常见的色彩编码方式（色域）是基于三原色（红、黄、蓝）的表示方式，即 RGB 色彩模式。RGB 彩色图含有红、绿、蓝三个通道，其存储形式是一个三维数组，深度即为通道数，如图 7.10 所示。

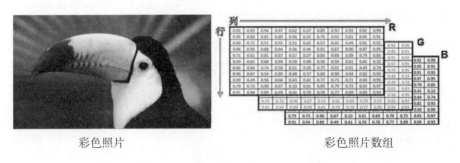

彩色照片　　　　　　　　　　　　彩色照片数组

图 7.10　彩色照片及其 RGB 数据矩阵

视频泛指将一系列静态影像以电信号的方式加以捕捉、记录、处理、储存、传送与重现的各种技术。视频是由视频帧连续播放形成，每一个视频帧即为一张图片，当视频帧播放速度超过 24 幅每秒时，由于人眼视觉暂留效应，静态图片播放看上去是平滑连续的，这样连续播放的画面就构成了视频。机器视觉就是以处理、分析视频或者视频帧为基础。

7.1.4　智能无人机

无人机系统的智能化主要体现在 3 个层面：单机飞行智能化、多机协同智能化和任务自主智能化。单机飞行智能化主要指面向高动态、实时、不透明的任务环境，无人机应该能够实现智能化飞行，如实现智能导航、智能避障、智能返航等功能。多机协同智能化指的是无人机集群在多机协同飞行、任务规划与决策、信息交互与自主控制等方面的智能化。任务自主智能化指无人机自主智能地完成任务，如拍照无人机通过人脸进行解锁，通过手势控制拍照，同时无人机也可以实现对目标对象进行实时跟拍等。

飞行智能化主要体现在飞行控制算法的智能化，借助于大数据、深度学习等人工智能方法，无人机的控制越来越智能化。PID 算法是最为基础的控制算法，研究人员将人工智能的神经网络与其结合，提出了 PID 神经网络控制方法，该方法控制的系统具有更快的响应、更强的适应能力和更强的鲁棒性。在具体应用方面，有来自尼罗河大学的研究人员试图在无 GPS 情况下，仅仅借助摄像头，制作出通过使用深度卷积神经网络与回归器相结合输出无人机转向命令的导航系统。同样，在 2019 年 6 月，马里兰大学帕克分校和苏黎世联邦理工学院的研究人员开发了一个完整的人工智能导航堆栈，使几乎任何四旋翼飞行器都能在只有摄像机和机载计算机的情况下避开移动障碍。在 2018 年，欧洲的研究团队通过大量自驾车行车照片以及自行车摄像头捕捉的照片训练一个 AI 模型能自主避免碰撞发生，让无人机具备人类的避障能力。在 2017 年的美国人工智能协会会议上，苏黎世大学 Davide Scaramuzza 教授研究团队展示了他们研究的最新成果——基于深度神经网络利用单目视觉帮助无人机穿过森林小道。通过神经网络算法与大数据的结合使无人机具有避障及路径规划功能。

无人机的智能化主要是基于硬件和智能的算法。硬件通常是由连接系统和感知系统构成，连接系统实现的是无人机和"云端"计算资源的低延时，以及与宽带的连接；感知系统是各种传感器的融合系统。智能算法主要指的是深度学习等人工智能算法，其能够对感知到的数据进行智能处理，为无人机完成任务提供支撑。

7.2　智能化飞行

7.2.1　智能导航

智能导航，又称无人机航迹规划，指的是在综合考虑无人机飞行时间、油耗、威胁以及飞行区域等因素的前提下，为无人机规划出最优或最满意的飞行航迹，以保证无人机圆满地完成飞行任务。无人机航迹规划实际上是一个多目标优化问题，其核心在于建立目标函数的数学模型和有效地处理各项约束。无人机航迹规划一般包括航迹表达、环境建模、算法选择、代价函数选取与航迹优化几个步骤，如图 7.11 所示。

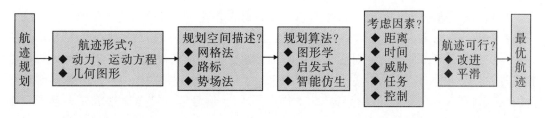

图 7.11　航迹规划的一般步骤

目前，现有航迹规划方法可分为几何图形方法、启发式搜索方法、智能仿生方法等。其中几何图形方法包括 Voronoi（维诺）图模型、概率图模型、可视图模型等。这类算法首先对环境进行几何建模，后依据一定的最优策略，选择某种搜索算法得到可行解，但当任务空间发生变化，需对任务空间重新遍历时，不适合动态航迹规划。启发式搜索方法包括 A ＊ （A － Star）算法、遗传算法等经典算法。但这类算法随着搜索空间的扩大，计算复杂度会呈爆炸式增长。智能仿生方法则是伴随着人工智能和神经网络的发展而产生的，正在被广泛研究，包括如人工鱼群算法、细菌觅食算法、人工蜂群算法等。各种算法有各自的优势，但也各有明显缺陷，对于智能仿生方法的结合应用是未来的方向。

7.2.2　智能避障

在无人机智能化发展的诸多技术中，无人机自主避障是实现无人机智能化的关键部分，完善的智能避障系统将能够在很大程度上减少因操作失误造成的无人机损坏和伤及人身和建筑物的事故发生率。随着避障技术的不断提高和避障系统的实现成本不断降低，相信在未来几年智能避障功能将不断下沉到中低端无人机市场。

智能避障技术，顾名思义就是无人机自主躲避障碍物的智能技术。对于无人机爱好者来说，有了智能避障功能的加持，能够降低无人机操作门槛，带来更加自由的操控体验，极大地减少因为操作失误等带来的损失和伤害。现阶段无人机智能避障功能通常分为三步走：感知障碍物→绕过障碍物→路径再规划。感知障碍物的核心在于测量无人机与障碍物的距离。测量距离大家应该非常熟悉了，在前文中讲到的超声波传感器、红外传感器等均是测量距离的，只不过，从测量无人机到地面的距离变成了测量无人机到障碍物的距离，其原理在前面章节有所讲解，在此不再赘述。现今主流的避障技术除了上面提到的超声波测距、红外测距外，还有激光雷达测距和视觉（摄像头）测距。随着计算机视觉技术的发展，视觉测距有望成为主流。视觉测距主要是通过双目摄像头或结构光造成的视差，进行即时的三维建模，判定障碍物与无人机的距离。

7.2.3 智能返航

智能返航是指，无人机在飞行过程中，若遇到低电量、与遥控器失联等情况时，能自主执行返航，保障无人机的安全。目前市售的多旋翼无人机产品多数提供基于 GPS 信号的一键返航功能，一般原理为记录起飞时的 GPS 信息，一旦进入智能返航模式，无人机将以起飞时的 GPS 信息作为终点信息进行智能返航。但是在许多场景中 GPS 定位是不能正常使用的，如室内或者复杂的城市环境，此时基于 GPS 信号的一键返航功能便失效了。在 GPS 不能正常使用时，目前多数使用光流室内定位系统来实现无人机的返航。接下来，就无人机智能返航的设计关键点进行简单讲解。

1. 触发返航的条件

触发返航的条件主要包含三个方面，用户触发、失联及低电量。用户触发指的是操控者主动操作无人机进入一键返航状态。失联的判断是根据无人机与遥控器之间的通信中断时间来计算的，中断时间一般设定为 3～6 秒，失联原因有很多种，最常见的原因是由于无人机飞到建筑物后面，遮挡信号的传输。低电量，最简单的做法就是监控电池容量，如电量低于总容量的 20% 就强制无人机进入返航模式，较为智能的做法是根据实时的飞行距离、飞行环境以及制定的返航策略进行动态低电量阈值参数的设定。

2. 返航的策略

返航策略指的是无人机一旦进入返航模式，将如何返航。一般的无人机返航是先上升到一定高度，然后水平飞行到出发点上空，再垂直下落。当然，制定的策略不仅包含返航航迹的规划，还有对返航过程中的突发事件的应对方法。如在一键返航情况下，是否开启避障功能，是否可以遥控中断返航等。同样，在由于失联引发返航时，一般只要遥控信号恢复就停止返航，悬停等待遥控控制信号。而低电量触发返航时，一般会关闭避障功能，尽可能保障无人机不飞丢。极端情况下，无法返航，无人机应该尽最大限度保障安全（包括无人机安全和可能影响到的人身安全），这些都是需要在飞控程序中有所涉及的。

7.2.4 智能起落

多旋翼无人机在起落过程中，由于无人机旋翼产生的强烈气流会被地面反弹造成复杂的气流，这会导致无人机在距离地面较近时产生摇晃，这对无人机的近地飞行和起落都是非常棘手的问题。这种无人机的近地控制问题主要来自复杂的空气动力学效应，常规控制方法通常无法较为准确地解决这些复杂的问题，并且不能够实现平稳地近地飞行和起降。

随着深度神经网络的不断发展，其智能控制技术正逐步深入无人机的控制。加州理工学院的研究人员开发了一个使用深度神经网络的系统，以帮助无人机"学习"如何更安全、更快速地着陆，同时消耗更少的电量。该系统被称为神经着陆器，是一种基于深度学习的控制器，可根据无人机的位置和速度，相应地修改其着陆轨迹和转子速度，以实现稳定着陆。为了确保无人机平稳飞行，该团队采用频谱归一化来使神经网络输出均匀，从而不会在输入或条件变化时做出大为不同的预测。

7.3　智能人机交互

人机交互，指的是操控者与无人机之间的沟通，传统的交互方式是通过遥控器发送相应指令实现。随着智能技术的不断突破，基于机器视觉的人机交互方式也逐步被利用到无人机领域。早在 2017 年，大疆推出的"晓"Spark 无人机在交互上就做了非常大的创新，全新加入的人脸识别系统让这台设备具备了一定程度的识别功能，配合手势操作可以直接摆脱遥控器而对无人机进行操纵。基于摄像头的手势交互，其基础是图像的获取与处理。无人机是通过增稳平台上的摄像头来实现图像获取，图像经图传模块传输到遥控器（或者手机 App）上进行图像处理，根据处理结果再发送指令给无人机。接下来就无人机智能交互常用的方式和应用进行讲解。

7.3.1　人脸识别

人脸识别技术指的是利用分析比较的计算机技术识别人脸，现已广泛应用在手机解锁、刷脸支付、安防安检等领域。在无人机智能化的过程中，人脸识别技术常用于无人机人脸解锁、无人机人群目标锁定等，即便其准确率受到人脸画面清晰度、室外环境复杂度、光线明暗变化等因素的较大影响，但其实现的核心步骤还是不变的。人脸识别基本上可分为两个步骤，第一步人脸检测，第二步人脸识别。人脸检测指的是在图片中找出人脸位置并框出来，人脸识别是将找到的人脸进行准确的识别，本小节将针对人脸解锁的整体流程做简单的阐述，并展示一个具体应用案例。

1. 人脸检测

人脸检测是人脸识别的第一步，人脸检测算法的目标是找出图像中所有的人脸对应的位置，不仅输出人脸外接矩形框在视频帧中的坐标，还包括姿态等信息。图 7.12 为人脸检测效果图。

图 7.12　人脸检测效果图

常见的人脸检测算法基本是一个"扫描"加"判别"的过程，即算法在图像范围内扫描，再逐个判定候选区域是否是人脸的过程。而经典人脸检测算法流程是用大量的人脸和非人脸样本图像进行训练，得到一个人脸两分类器，也称为人脸检测模板。这个人脸两分类器接受固定大小的图片，并判断输入图片是否为人脸。人脸两分类器的原理如图 7.13 所示。

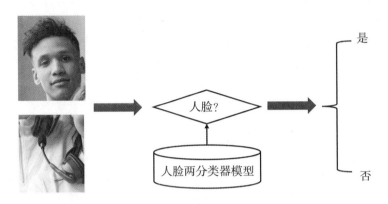

图 7.13　经典人脸检测算法流程

人脸检测算法发展经历了三个阶段：早期算法、AdaBoost 算法，以及深度学习算法。早期的人脸检测算法使用了模板匹配技术，即用一个人脸模板图像与被检测图像中的各个位置进行匹配，确定这个位置处是否有人脸。AdaBoost 算法是一种迭代算法，其核心思想是针对同一个训练集训练不同的分类器（弱分类器），然后把这些弱分类器集合起来，构成一个更强的最终分类器（强分类器）。AdaBoost 算法本身是通过改变数据分布来实现的，它根据每次训练集之中每个样本的分类是否正确，以及上次的总体分类的准确率，来确定每个样本的权值。将修改过权值的新数据集送给下层分类器进行训练，最后将每次得到的分类器融合起来，作为最后的决策分类器。深度学习算法在人脸检测领域主要集中在卷积神经网络的人脸检测研究方面，如基于级联卷积神经网络的人脸检测（Cascade CNN）、基于多任务卷积神经网络的人脸检测（MTCNN）等，很大程度上提高了人脸检测的鲁棒性。

2. **人脸对齐**

人脸对齐的主要目的是在人脸区域进行关键点的定位，再进行人脸校正。其输出结果可以用于：人脸验证、人脸识别、表情识别、姿态估计等。图 7.14 是人脸对齐流程，在人脸表情有变化或头部有姿势变化时仍能够精确定位人的主要位置（嘴巴、鼻子、眼睛及眉毛）。

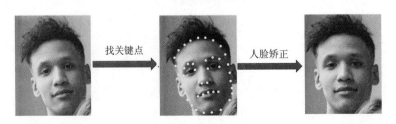

图 7.14　人脸对齐流程

传统的主要算法有：ASM（Active Shape Model）算法、AAM（Active Appearance Model）算法、CLM（Constrained Local Model）算法、Cascaded Regression 算法。而在实际应用中人脸的不同尺度、姿态、遮挡、光照、复杂表情等对人脸对齐具有较大的影响。但这个问题本质上可以分为三个子问题：①如何对人脸表观图像（输入）建模；②如何对人脸形状（输出）建模；③如何建立人脸表观图像（模型）与人脸形状（模型）的关联，这也是以往研究离不开的三个主要方面。随着深度学习算法的发展，香港中文大学唐晓鸥教授的课题组在 2013 的 IEEE 国际计算机视觉与模式识别会议（CVPR2013）上提出利用 3 级卷积神经网络 DCNN 来实现人脸对齐的方法，是首次将 CNN 应用在人脸关键点检测上的深度学习算法。此后，基于深度学习卷积神经网络的算法得到广泛研究，最新发表的算法有：PFLD（A Practical Facial Landmark Detector）算法、LAB（Look at Boundary：A Boundary-Aware Face Alignment Algorithm）算法。

3. 人脸特征提取

人脸特征提取（Face Feature Extraction）是将一张人脸图像转化为一串固定长度的数值的过程（如图 7.15 所示）。这个数值串被称为人脸特征（Face Feature），具有表征这个人脸特点的能力。人脸特征提取过程的输入是一张人脸图像和人脸五官关键点坐标，输出是与人脸相应的一个数值串（特征向量）。人脸特征提取算法，通常会先根据人脸五官关键点坐标将人脸对齐到预定模式，然后再进行特征计算，以得到此张人脸的特征向量。

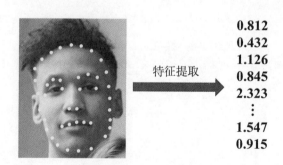

图 7.15　人脸特征提取

4. 相似性度量与验证

相似性度量，即综合评定两个事物之间的相近程度。两个事物越接近，它们的相似性度量越大，而两个事物越疏远，它们的相似性度量也就越小。人脸比对（Face Compare）使用的相似度度量算法种类很多，常用的有欧氏距离、余弦距离等。而人脸比对算法的通常输入是两个人脸特征向量（注：人脸特征向量由前面的人脸特征提取算法获得），输出是两个特征之间的相似度。人脸验证、人脸识别、人脸检索都是在人脸比对的基础上加一些策略来实现的。相对于提取人脸特征过程，单次的人脸比对耗时极短，几乎可以忽略。基于人脸比对可衍生出人脸验证（Face Verification）、人脸识别（Face Recognition）、人脸检索（Face Retrieval）、人脸聚类（Face Cluster）等算法。如图 7.16 所示，人脸比对过程（右侧的相似度为人脸比对输出的结果），是通过将人脸检测阶段扫描到的人脸与数据库里面的 Jame 人脸进行相似性度量，来判断此人是否为 Jame。

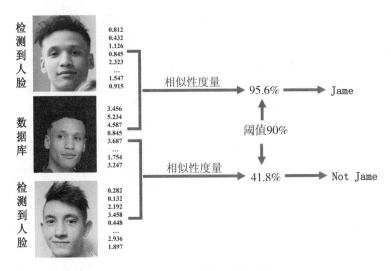

图 7.16　人脸相似性度量和验证

5. 无人机人脸解锁实例

昂宝 OBPT3812A 无人机（简称 OBPT3812A）是一款新型的微型智能无人机，如图 7.17 所示，人脸解锁是一个重要的智能化应用。接下来，我们将就此无人机中的人脸识别技术进行简单讲解。

图 7.17　OBPT3812A

首先，无人机基于人脸识别技术的无人机控制基本流程如图 7.18 所示，无人机搭载的摄像头获取到视频流，然后回传给地面接收端（手机），利用手机的运算能力运行人脸检测和人脸识别算法，最后根据识别结果再发送相应指令给无人机。

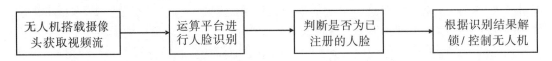

图 7.18　基于人脸识别技术的无人机控制基本流程

在 OBPT3812A 的人脸解锁功能中，我们采用的人脸检测算法是多任务级联卷积神经网络（Multi-task Cascaded Convolutional Networks，简称 MTCNN）算法，人脸识别算法采用的是 MobileFaceNet 算法，人脸解锁的具体核心流程如图 7.19 所示：

图 7.19　OBPT3812A 人脸解锁功能的算法流程

MTCNN 算法采用的是级联方式，在算法初期剔除了绝大多数图像区域，从而有效降低算法后期的 CNN 网络的计算量和计算时间，这种基于轻量级 CNN 方式的级联检测方法，能够实现实时人脸检测与人脸关键点标定。MobileFaceNet 算法是 Mobile-NetV1、MobileNetV2 两种专门用于嵌入式设备的轻量化 CNN 模型的衍生算法，其网络模型大小只有 4 MB 并且有很高的准确率。

图 7.20　OBPT3812A 人脸解锁实例

由于获取到的视频帧图像质量受到多方面的影响，如大视野、远距离、复杂光线、人脸低像素等，并且要求具有较高的实时性，这些均对人脸识别技术在无人机上的应用提出了更高要求。

7.3.2　视觉跟随

视觉跟随（或称为目标跟踪），指的是通过计算机视觉技术实现在画面中对单个物体或多个物体的实时追踪，并得到这些目标的运动轨迹。基于视觉的目标跟踪算法在智能监控、自动驾驶等领域都有重要的应用。例如，在自动驾驶系统中，目标跟踪算法要对运动的车、行人、其他动物进行跟踪，并对它们未来的位置、速度等信息做出预判。同样在无人机智能化过程中，无人机智能跟拍功能需要利用目标跟踪算法，实现对目标物体的跟随及拍摄。近些年，由于深度学习算法的发展，使得目标跟踪算法得到突破性的发展。接下来将简单介绍视觉跟随的基本流程、主流方法以及存在的挑战。

1. 视觉跟随的基本流程

视觉跟随第一步是确定目标，目标的确认有两种方法：一种是提前将要跟踪的目标特征写入算法中，视频帧开始时就直接在图像帧中进行目标的预测和跟随；另外一种是在初始帧时，操作者确认初始化视觉跟随框，在下一帧中产生众多候选框，并提取这些候选框的特征，然后对这些候选框进行评分，最后在这些所有的评分当中选取出评分最高的候选框作为预测的目标，或者把多个预测值进行融合得到更优的预测目标，如图 7.21 所示。

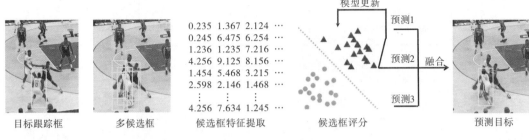

图 7.21　视觉跟踪基本流程

结合视觉跟踪的基本步骤，视觉跟踪研究可分为以下 4 个方面：①根据视觉跟随样本，如何产生众多的候选样本。②候选样本特征提取：利用何种特征表示目标。③观测模型：如何为众多候选样本进行评分。④模型更新：如何更新观测模型使其适应目标的变化。

2. 视觉跟随的主流方法

视觉跟随的方法根据观测模型是生成式模型或判别式模型可以分为生成式方法和判别式方法。早期的工作主要集中于生成式模型算法的研究，如光流法、粒子滤波、Meanshift算法、Camshift 算法等。这类型的算法主要缺点在于目标模型或者说目标特征的单一，无法对目标模型或目标特征进行预测性更新，导致因目标变换、遮挡等情况影响跟踪的准确率。判别式模型算法主要是将目标模型和背景信息同时考虑在内，通过对比目标模型和背景信息的差异，将目标模型提取出来，从而很好地实现目标跟踪。判别式模型算法一开始是使用经典的机器学习方法训练分类器，如 TLD、支持向量、随机森林等，随着相关滤波方法的引入，基于相关滤波的目标跟踪得到发展，在 2015 年后，深度学习技术成为目标跟踪领域的主流。下面我们分别简要介绍相关滤波和深度学习的核心思想。

（1）相关滤波。所谓相关性，指的是两个信号之间的相似程度，通常用卷积表示相关操作。而基于相关滤波的跟踪方法的基本思想就是，寻找一个滤波模板，让下一帧的图像与我们的滤波模板做卷积操作，响应最大的区域便是预测的目标。根据这一思想先后提出了大量的基于相关滤波的方法，如最早的平方误差最小输出和（MOSSE）利用的就是最朴素的相关滤波思想的跟踪方法。随后基于 MOSSE 有了很多相关的改进，如引入核方法（Kernel Method）的 CSK、KCF 等都取得了很好的效果，特别是利用循环矩阵计算的 KCF，跟踪速度惊人。在 KCF 的基础上又发展了一系列方法用于处理各种挑战。如：DSST 可以处理尺度变化，基于分块的（Reliable Patches）相关滤波方法可处理遮挡等。但是所有上述的基于相关滤波的方法都受到边界效应（Boundary Effect）的影响。为了克服这个问题，SRDCF 应运而生，SRDCF 利用空间正则化惩罚了相关滤波系数获得了可与深度学习跟踪方法相比的结果。

（2）深度学习。我们可以利用深度学习强大的表征能力来实现跟踪。早期，由于被跟踪目标的图片数据非常少，而使得需要大量数据进行特征学习的深度神经网络无法使用，一些研究人员将现有分类图像数据集提取的特征迁移到目标跟踪中，基于深度学习的目标跟踪方法才得到充分的发展，如 2013 年的 CNN-SVM 利用在 ImageNet 分类数据集上训练的卷积神经网络提取目标的特征，再利用传统的 SVM 方法做跟踪。2018 年，UPDT 算法区别对待深度特征和浅层特征，利用数据增强和差异响应函数提高鲁棒性和准确性，同时利用提出的质量评估方法自适应融合响应图，得到最优的目标跟踪结果。VOT2018 短时实时算法的 Top10 中有 8 个都是孪生结构 SiamFC 的扩展。这些跟踪器使用预训练的 CNN 特征，最大化相关定位精度。

然而，上述基于前期数据预训练得到的特征本质是分类所需特征，而非跟踪所需要的目标与背景的差异特征，因此在分类数据集上预训练的网络可能并不完全适用于目标跟踪任务。于是，Nam 设计了一个专门在跟踪视频序列上训练的多域卷积神经网络，结果取得了 VOT2015 比赛的第一名。2016 年 SRDCF 的作者继续发力，也利用了卷积神经网络提取目标特征然后结合相关滤波提出了 C-COT 的跟踪方法，并取得了 VOT2016 的冠军。VOT2017 的冠军算法 CFCF 则是通过精调网络模型，学习适用于相关滤波的深度特征，然后将学到的深度特征引入 C-COT 的跟踪。VOT2019 的冠军方案 ATP 跟踪算法通过解耦跟踪的各阶段，灵活地实现和调试 ATP 的单个模块，大幅减少算法学习复杂度。总的来说，深度学习的最新进展，常被引入到目标跟踪领域，以期获得更好的跟踪性能。

3. 视觉跟随存在的挑战

视觉跟随由于目标是相对运动的，其背景变化非常复杂，并且不可预见，同时还伴随着目标物体本身的变化、画面中的尺度变化以及环境光照变化等情况，这就导致视觉跟随是一个极具挑战性的任务。下面列出了视觉跟随中几个主要的挑战因素：

(1) 遮挡，是视觉跟随领域最为常见的挑战之一，可分为部分遮挡和完全遮挡。其解决思路有两种：①利用检测机制判断目标是否被遮挡，从而决定是否更新模板，保证模板对遮挡的鲁棒性。②把目标切块跟踪，利用没有被遮挡的块进行有效的跟踪。

(2) 形变，也是视觉跟随中的一大难题。由于目标的表观图像不断变化，通常导致跟踪发生漂移。解决漂移问题常用的方法是更新目标的表观模型，使其适应表观的变化，那么模型更新方法则成为关键。什么时候更新，更新的频率多大是模型更新需要关注的问题。

(3) 背景杂斑，指的是要跟踪的目标周围有非常相似的目标，从而对跟踪造成了干扰。解决这类问题常用的手段是利用目标的运动信息，预测运动的大致轨迹，防止跟踪器跟踪到相似的其他目标上，或是利用目标周围的大量样本框对分类器进行更新训练，提高分类器对背景与目标的辨别能力。

(4) 尺度变换，是目标在运动过程中产生的尺度大小变化的现象。预测目标框的大小也是视觉跟踪中的一项挑战，如何又快又准确地预测出目标的尺度变化系数直接影响了跟踪的准确率。通常的做法有：在运动模型产生候选样本的时候，生成大量尺度大小不一的候选框，或是在多个不同尺度目标上进行目标跟踪，产生多个预测结果，选择其中最优的作为最后的预测目标。

当然，除了上述几种常见的挑战外，还有一些其他的挑战性因素，如光照、低分辨率、运动模糊、快速运动、超出视野、旋转等。所有的这些挑战共同决定了视觉跟踪是一项极为复杂的任务。

4. 无人机视觉跟踪实例

视觉跟踪，OBPT3812A 的实现流程如图 7.22 所示：

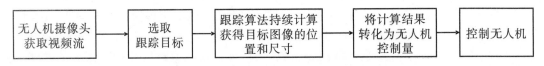

图 7.22　OBPT3812A 视觉跟踪的基本流程

OBPT3812A 依靠摄像头的视频，再根据选取的跟踪目标，通过跟踪算法对目标进行动态跟踪，跟踪过程中算法将输出无人机控制量以实现无人机对目标对象的跟踪拍摄。OBPT3812A 采用的是 KCF 视觉跟踪算法，该算法具有低计算量、完全实时等计算优势，非常适合用于使用视觉控制无人机、机器人等。图 7.23 是 KCF 视觉跟踪算法的流程图。

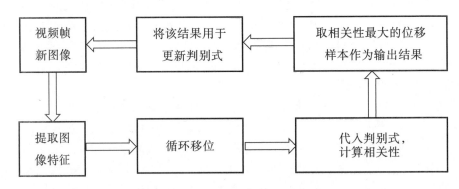

图 7.23　KCF 视觉跟踪算法的流程图

OBPT3812A 对跑步者的跟踪拍摄效果图如图 7.24 所示。

图 7.24　OBPT3812A 对跑步者的跟踪拍摄效果图

7.3.3　姿势控制

姿势，指的是人体或身体部分（手部）的静态或动态姿势，姿势作为一种信息被当作控制信号，即为姿势控制。针对无人机的姿势控制是人机智能化交互的重要体现。市面上，绝大部分无人机的人机交互方式仍是通过遥控器，但这并不能满足人们对交互方式的不断追求，随着深度学习算法在机器视觉上的蓬勃发展，使得基于机器视觉的人机交互得到更加广泛的研究。其中，人体姿势控制和手势控制较为常见。

1. 人体姿势控制

人体姿势控制，指的是通过视频帧中操控者的人体姿势进行无人机控制。其基本流程如图 7.25 所示。

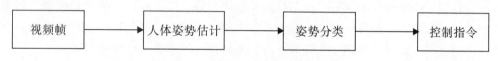

图 7.25　人体姿势控制的基本流程

人体姿势估计是人体姿势控制的关键，人体姿势估计的核心是完成对人体姿势的检测，而人体姿势检测的关键在于定位图像中的人体的关键点（也称为关节点，如眼、耳、鼻、肩、肘、臀、膝、脚），这些关节点之间的连线的长度、相互之间的角度信息等，将被用来进行人体姿势的分类。目前主流的人体姿势估计算法可分为传统的人体姿势估算法和基于深度学习的人体姿势估计方法。传统的人体姿势估算法主要是基于图结构模型，人为设计人体部件检测器，使用图模型建立该部件的连通性，并结合人体运动学的相关约束不断优化图结构模型来估计人体姿势。传统的人体姿势估算法在实践效率上虽有优势，但是由于其特征的提取是通过人工设定的，难以应付复杂的人体姿势变换和推广到多人姿势估计中。相比较之下，通过深度学习的神经网络能够提取出比人工特征更为准确和鲁棒的卷积特征，以预测复杂的人体姿势，所以基于深度学习的人体姿势估计方法得到深入的研究。Toshev 等人利用深度卷积神经网络提出了 DeepPose 模型，这也是第一个将深度学习方法应用于人体姿势估计的主要模型。人体姿势估计获得人体骨骼关键点后，通过分类即可实现对不同姿势的识别，发送不同的指令。

值得注意的是，由于人体姿势估计是需要对人体十多个关键点做检测，通常算法需要较高的计算资源，在无人机上的使用是有困难的。而针对无人机姿势引导所需要的姿势种类数量一般较少，更可行的方案是通过训练轻量级的神经网络来直接分类、识别视频帧中的人体姿势。

2. 手势控制

手势控制，指的是通过手势识别技术识别出特定的手势后，发送相应的控制指令。手势识别技术主要是通过分析手势的特征（含静态和动态）来判断手势。手势类型可以分为静态手势和动态手势，静态手势也就是通过手部具体造型或者形状来区别，而动态手势是通过手的相对位置变化，满足一定规律则认为其是一个手势。静态手势是一个时刻的瞬间表达，动态手势是一个时间段的手部运动的表达。但不管是静态手势还是动态手势，其手势识别流程基本一致，如图7.26所示。

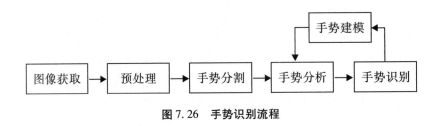

图7.26 手势识别流程

首先，通过无人机摄像头和图传系统获取手势视频，并提取其中的手势图像，为了能比较准确地提取图像中的人手部分，需要先对手势图像进行预处理，然后按照一定的方法进行手势分割。其次就到了手势控制系统最关键的部分，即选取适当的手势模型，利用这个模型进行手势的训练和分析，其中就涉及手势特征的提取，以及利用这些特征建立模型并进行手势分类。最后，利用建立好的手势模型对输入的手势进行分类识别。

3. 无人机姿势控制实例

OBPT3812A作为智能无人机，实现了无人机的人体姿势控制，能通过拍照、拍摄人体姿势进行无人机的控制。对本功能的实现，OBPT3812A采用的是通过训练的行人检测SSD-MobileNet模型。然后在训练好的MobileNetV1上进行人体姿势的分类识别。具体实现流程如图7.27所示。

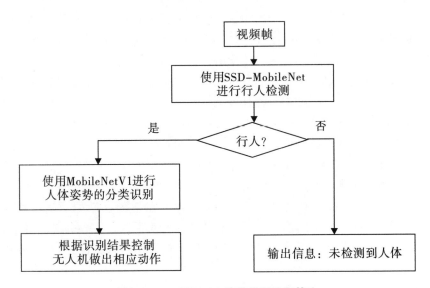

图7.27 OBPT3812A 姿势控制流程算法

图 7. 28 是 OBPT3812A 人体姿势控制示例图。

图 7. 28　OBPT3812A 人体姿势控制

7. 4　智能化硬件

无人机智能化,指通过硬件和软件的相结合对传统无人机进行智能化改造。改造后的传统无人机硬件将具有硬件间的连接能力以及对外界更加全面的感知能力,连接能力可以实现互联网、计算资源的加载赋能,感知能力可以实现无人机对环境或目标情况更为全面的认知。例如,无人机通过搭载 5G 无线通信模块和高清摄像头模块,实现与云端的低延时实时视频连接,然后通过手机端 5G 或者服务器端赋能无人机完成各种类型任务。

7. 4. 1　图传系统

无人机智能化的一个重要方向是基于机器视觉的智能化,其硬件基础就是无人机图像传输系统。无人机图像传输系统指的是搭载在无人机上,能够稳定实时将无人机拍摄的视频数据传送到地面接收装置的设备。

早期的图传设备都采用的是模拟制式,它的特点是只要图传发射端和接收端工作在一个频段上,就可以收到画面。而数字图传通常是通过搭载的图像处理芯片,将图像转化、压缩成特定格式数字信号后通过 2. 4G/5. 8G 无线方式传输到控制器接收端。模拟图传系统因为技术成熟、延时较低、价格低廉,在无人机上还有一定市场。其缺点是像素低(通常 640 ×480)、易受干扰。

随着视频压缩技术、信号处理技术、信道编码技术及调制解调技术的发展,数字图传各方面性能都已赶超模拟图传,如 2019 年 6 月底大疆发布的 DJI FPV 数字图传系统,其图传距离达到 4 km,图像延时仅为 28 ms,能够传输 720P/120fps 高清视频流。由于 5G 网络的低延时、宽带宽特性,基于 5G 网络的图传正逐渐走向市场,这能够让操控者实现更加精准地操控,图传效果也会更清晰,甚至能够边飞边直播。

当然，一般的消费级四旋翼无人机，通常都采用数字图传。图 7.29 是无人机图传系统框图。

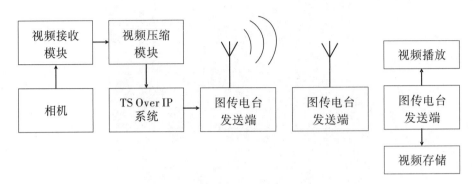

图 7.29　无人机图传系统框图

7.4.2　感知系统

感知系统，指的是感知外界环境或目标事物的传感器与智能算法的融合系统。针对无人机的智能感知系统，硬件功能方面可以是图传、光流、超声波传感器等的集合。算法软件部分是感知系统的核心部分，这部分不一定要在无人机本体上实现，可以通过无人机硬件的连接能力，连接到云端服务器或者手机端的计算资源。这种智能化的模块将是对传统无人机智能化改造最为便捷的方案。接下来，我们介绍一款由昂宝研发的 OBPT3804 图传/光流/超声三合一智能外挂模组（见图 7.30）。

DIY 无人机智能外挂模组集成了图传相机、光流定点模块、超声波定高模块，通过外挂拓展信号板，使用串口、IIC 通信方式实现 DIY 拓展，主要用于室内定高定点的开发、视觉图像处理的开发等。DIY 无人机智能外挂模组有很多，例如电子看板、2D 机械增稳云台、激光对战模组等，其能够丰富我们的开发应用和想象空间。

图 7.30　DIY 无人机智能外挂模组

昂宝无人机基于智能外挂模块，并配合使用集成自主研发的智能算法的 OB Drone App，支持基于深度学习的 AI 人形检测和手势识别，可以智能辨别和锁定用户进行跟随拍摄，并能智能识别用户手势命令，比如 V 字手势拍照、OK 手势录像等。图 7.31 是昂宝无人机智能化硬件模块使用场景。

图 7.31　昂宝无人机智能化硬件模块使用场景

7.5 智能化前沿

随着人工智能的发展，无人机智能化技术的不断提高，其应用场景将被不断拓展，应用将越来越广泛，同时各行业的个性化需求也会极大推进无人机发展的专业化、智能化。

7.5.1 智能场景

（1）施工现场。开发用于测绘的无人机。建筑公司或者装修公司，可以使用智能无人机扫描和绘制建筑场地的地形图。无人机可以在十几分钟内完成这项工作，而人类可能需要数天才能够完成。

（2）智慧城市。微软研究院的一个团队表示，无人驾驶汽车将在不久的将来普及，这项技术将推广到送货车辆。无人机也可用于解决交通问题或工程难题。在卢旺达，已使用智能无人机将输血等待时间从 4 个小时降低到了 15 分钟。

（3）应急无人机。无人机可用于向难以到达的地点以及在紧急情况下偏远地区的人们分发物资。无人机还可以评估灾难发生后的结构破坏，帮助查看火灾的确切位置、化学品泄漏点以及向应急人员显示受伤人员的位置。在人群中发现暴力行为时，无人机可以携带警察摄像机和胡椒喷雾剂，还可以与医生进行远程会诊。

（4）农业耕种。传统农民依靠经验和直觉来寻求最佳时机播种和收割。智能无人机可以帮助他们完成播种、施肥、喷洒农药等工作，甚至还可以帮助农民发现病态作物等。

（5）军事与国防。开发用于作战的智能无人机，该技术已经用于巡逻边界、跟踪风暴、执行安全检查和监视安全性等任务。军用无人机可以携带补给、武器或照相机等。

（6）设施维护。使用无人机来检查基础设施，包括电力线和运输管道等。无人机可以更有效、更安全地完成这项工作。

（7）保险索赔。保险公司使用无人机来检查损坏的建筑物或车辆，捕捉图像并无线传输给公司以进行更快的保险事故处理。

（8）消费摄影。无人机可实现智能跟踪摄影，特别适合冲浪者、速降滑雪者，或跑步者使用。它可用于实时记录体育动作和其他事件。

（9）数据收集。商业、工业和服务行业可以使用无人机进行即时监视，从而无须进行人工监视或花费大量时间搜索记录的信息。

（10）娱乐、媒体和互联网。电影制片人和新闻媒体使用无人机来捕获空中镜头，当然也有科技公司试图通过使用太阳能无人机为全球偏远地区提供互联网访问。

无人机可以去到人们无法接近的地方，捕获未知视角的图像并记录本来无法获得的重要数据。具有人工智能的无人机，正为各行业带来巨大变革。

7.5.2 智能集群

智能集群（Swarm Intelligence）概念来源于生物集群行为，集群生物之间存在高度结构化组织，并能够作为一个整体完成远超出个体能力的复杂任务，其经典代表有蚁群、蜂群。智能无人机集群就是基于此类生物集群行为，无人机通过彼此的感知和信息交互、协同工作，能够完成更高难度的任务。这作为无人机一个重要的智能化发展方向，受到广泛研究，尤其在军事方面得到广泛应用。

无人机集群技术的完全自主控制的关键技术点有：环境感知与认识、多机协同任务规划与决策、信息交互与自主控制、人机智能融合与自适应学习。

（1）环境感知与认识。智能无人机集群系统需要适应在险恶复杂环境下执行艰难任务，要求系统能够全面感知和了解复杂环境，可以在集群中进行信息共享与交互，辅助集群中其他无人机进行任务决策，这是智能集群系统实现高等级自主控制的基础。环境感知的任务是利用集群中的光电、雷达等任务载荷收集飞机所处环境信息数据，从数据中发现规律和挖掘目标，在目标环境中识别目标、引导攻击，提高集群系统对目标环境态势的认识与理解，增强系统任务实现可靠性。环境感知与认识的关键技术包括数据采集、数学建模、信息融合与共享等，目前国内外相关领域专家正通过基于生物视觉认知机理的目标识别与环境建模、复杂环境感知与认识算法、非结构化感知方法等手段实现能够适应智能无人机集群的环境感知与认识技术。

（2）多机协同任务规划与决策。智能无人机集群系统可以在复杂的战场态势中同时完成收集情报、监视、侦察（ISR）以及多目标攻击等任务，合理高效的协同任务规划方案是任务执行的基础。合理的任务分配可以充分发挥单机作战功效，体现集群资源的智能化作战优势，极大提高任务执行成功率和效率，降低风险和成本。无人机集群任务分配一般按照保证最大益损比（分配收益最大、损耗最小）和任务均衡的原则进行，综合考虑任务空间聚集性、单机运动有序性以及目标环境适应性，避免单机资源利用冲突，以集群编队整体最优效率完成最大任务数量，体现集群协同作战优势。协同任务分配的关键技术在于其自主任务分配算法的研究，主要算法类型有市场机制拍卖算法、匈牙利算法、蚁群算法、粒子群算法、遗传算法、一致性集束算法等。现阶段多数算法并不成熟，不适用于大规模的复杂任务自主规划。

（3）信息交互与自主控制。在复杂目标环境中，大规模的智能无人机集群通过单机情报信息的实时共享与交互进行任务执行的调整、自主控制的迭代，以快速适应新环境、合理规划路径、高效完成任务。信息的交互可以辅助单机自主选择接受有用信息实现自主控制与任务调整，更是大规模集群避免碰撞以及合理规划任务的基础。无人机集群会存在如何保持编队飞行、如何快速适应目标环境、受到干扰如何保持稳定性、系统预故障的"自愈"等问题，这都需要单机情报信息的实时共享与交互才能使其他无人机进行自主决策。其关键技术包括多机协调与交互技术、不确定环境下的实时航迹规划技术、多无人机协同航路规划、编队运动协调规划与控制、基于故障预测的任务规划技术等。

（4）人机智能融合与自适应学习。无人机集群受机体性能限制，不具备远距离的高效作战能力。无人机系统的典型特征就是"平台无人，系统有人"，随着单机系统自主控制能力和智能化水平的提高，通过人机系统智能融合和集群自适应学习，可以实现智能集群和有人系统的高效协同作战，极大增强无人机集群的作战能力。关键技术有人机交互、人机功能动态分配、人机综合显控技术、无人机自主学习能力/推理能力提升、平台状态/战术态势/任务协同综合显示等。

附录 UBX 协议

UBX 协议使用二进制输出格式，应用于无人机与 GPS 模块的通信，其格式如图 1 所示：

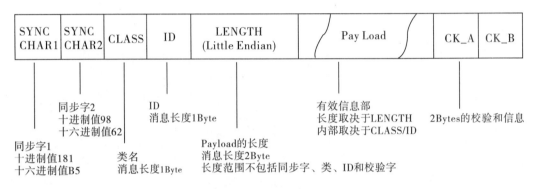

图 1 UBX 数据帧结构

每一个消息都由三部分组成：头部、数据部、校验部。头部得到前两个字节：0xB5 0x62，由此识别为 UBX 协议下传输的数据开始。CLASS 的一个字节表示测量数据消息的类别。ID 的一个字节表示在一个 CLASS 下的具体参数项输出。LENGTH 表示数据部的长度（字节）。CK_A 和 CK_B 是两个校验和字节。CLASS 的具体信息和描述如表 1 所示：

表 1 UBX 的 CLASS

名称	Class_ID	描述
NAV	0x01	导航结果信息：位置、速度、时间、加速度、航向、DOP、SVs 使用
RXM	0x02	接收方管理信息：卫星状态、RTC 状态
INF	0x04	信息消息：printf 样式的消息，带有 ID，如错误、警告、通知
ACK	0x05	Ack/Nak 消息：确认或拒绝 UBX – CFG 输入的消息
CFG	0x06	配置输入消息：设置动态模型、设置 DOP 掩码、设置波特率等
UPD	0x09	固件更新消息：内存/Flash 擦除/写入、重启、Flash 标识等
MON	0x0A	监视消息：通信状态、CPU 负载、堆栈使用情况、任务状态
AID	0x0B	辅助信息：星历、年历、其他 A – GPS 数据输入

（续上表）

名称	Class_ID	描述
TIM	0x0D	定时信息：时间脉冲输出、时间标记结果
ESF	0x10	外部传感器融合消息：外部传感器测量和状态信息
MGA	0x13	多个 GNSS 帮助消息：各种 GNSS 的帮助数据
LOG	0x21	日志消息：日志创建、删除、信息和检索
SEC	0x27	安全特性的信息
HNR	0x28	高速率导航结果消息：高速率时间、位置、速度、航向

UBX 协议中 Message 类目众多，无人机中常用的有 UBX-NAV-POSLLH，UBX-NAV-VELNED，UBX-NAV-SOL，见表 2 至表 4。

表 2 UBX-NAV-POSLLH 类

信息		UBX-NAV-POSLLH		
描述		Geodetic Position Solution		
信息结构	Header	Class	ID	Length
	0xB5 0x62	0x01	0x02	28
		Payload Contents		
Byte Offset	名称	单位	描述	
0	iTOW	ms	GPS 历元周内时间	
4	lon	deg	经度信息	
8	lat	deg	纬度信息	
12	height	mm	相对高度	
16	hMSL	mm	海拔高度	
20	hAcc	mm	水平精度因子	
24	vAcc	mm	垂直精度因子	

表 3 UBX-NAV-VELNED 类

信息		UBX-NAV-VELNED				
描述		Velocity Solution in NED				
信息结构	Header	Class	ID	Length	Payload	Checksum
	0xB5 0x62	0x01	0x12	36	见下文	CK_A CK_B

（续上表）

Payload Contents			
Byte Offset	名称	单位	描述
0	iTOW	ms	GPS 历元周内时间
4	velN	cm/s	北向速度
8	velE	cm/s	东向速度
12	velD	cm/s	下降速度
16	speed	cm/s	速度（3D）
20	gSpeed	cm/s	速度（2D）
24	heading	deg	航向
28	sAcc	cm/s	速度精度因子
32	cAcc	deg	航向精度因子

表 4　UBX-NAV-SOL 类

信息	UBX-NAV-SOL					
描述	Navigation Solution Information					
信息结构	Header	Class	ID	Length	Payload	Checksum
	0xB5 0x62	0x01	0x06	52	见下文	CK_A CK_B

Payload Contents			
Byte Offset	名称	单位	描述
0	iTOW	ms	GPS 历元周内时间
4	fTOW	deg	iTOW 的小数部分
8	week	weeks	GPS 导航纪元周数
10	gpsFix		GPS 定位状态 GPSfix Type，range 0..5 0x00 = No fix 0x01 = Dead reckoning only 0x02 = 2D – Fix 0x03 = 3D – Fix 0x04 = GPS ＋ Dead reckoning combined 0x05 = Time only fix 0x06..0xff：reserved
11	flags		Fix 状态标志
12	ecefX	cm	ECEF X 坐标

（续上表）

Payload Contents			
Byte Offset	名称	单位	描述
16	ecefY	cm	ECEF Y 坐标
20	ecefZ	cm	ECEF Z 坐标
24	pAcc	cm	三维位置精度因子
28	ecefVX	cm/s	ECEF X 速度
32	ecefVY	cm/s	ECEF Y 速度
36	ecefVZ	cm/s	ECEF Z 速度
40	sAcc	cm/s	速度精度因子
44	pDOP		位置 DOP
46	reserved1		
47	numSV		定位中使用卫星数
48	reserved2		

参考文献

［1］穆罕默德·萨德拉伊.无人机基本原理与系统设计［M］.郎为民,周彦,等译.北京:人民邮电出版社,2018.

［2］贾恒旦,郭彪.无人机技术概论［M］.北京:机械工业出版社,2018.

［3］彭建盛.空心杯四旋翼飞行器设计与应用［M］.北京:电子工业出版社,2018.

［4］符长青,曹兵.多旋翼无人机技术基础［M］.北京:清华大学出版社,2016.

［5］张鸿雁,张志政,王元,等.流体力学［M］.2版.北京:科学出版社,2014.

［6］陶于金,李沛峰.无人机系统发展与关键技术综述［J］.航空制造技术,2014(20).

［7］卢俊文,王倩营.无人机演变与发展研究综述［J］.飞航导弹,2017(11).

［8］林岳峥,祝利,王海.全球鹰无人侦察机的技术特点与应用趋势［J］.飞航导弹,2011(9).

［9］王秉良,鲁嘉华,匡江红,等.飞机空气动力学［M］.北京:清华大学出版社,2013.

［10］余莉,顾泽滔,王伟,等.四旋翼无人机的高度控制［J］.测控技术,2016,35(1).

［11］陈志旺.四旋翼飞行器快速上手［M］.北京:电子工业出版社,2017.

［12］黄鹤,刘一恒,赵熙,等.多层多源信息融合旋翼无人机测高算法［J］.中国惯性技术学报,2018,26(3).

［13］张磊,陆宇平,殷明.多传感器融合四旋翼协同控制算法及其实现［J］.应用科学学报,2016,34(2).

［14］王俊生.四旋翼碟形飞行器控制系统设计及控制方法研究［D］.北京:国防科技大学,2007.

［15］赵帅.四旋翼飞行器几种姿态控制算法的研究［D］.广西:广西师范大学,2017.

［16］曾庆华,郭振云.无人飞行控制技术工程［M］.北京:国防工业出版社,2011.

［17］林庆峰,谌利,奚海蛟.多旋翼无人飞行器嵌入式飞控开发指南［M］.北京:清华大学出版社,2017.

［18］全权.多旋翼飞行器设计与控制［M］.北京:电子工业出版社,2018.

［19］张萍.四旋翼飞行器姿态控制建模与仿真［J］.电机与控制应用,2019,46(12).

［20］周瓒,徐海荣.基于串级PID闭环控制的飞行控制原理仿真实验［J］.电子制

作，2019（21）．

［21］陈登峰，姜翔，王彦柱，等．四轴飞行器改进型串级姿态控制算法仿真研究
［J］．测控技术，2019，38（6）．

［22］邹子韬．四旋翼无人机飞行控制系统研究［D］．青岛：青岛大学，2019．

［23］杜婵英，漆安慎．力学［M］.2版．北京：高等教育出版社，2005．

［24］朱建国，孙小松，李卫．电子与光电子材料［M］．北京：国防工业出版
社，2007．

［25］胡凌桐．AMR 线性磁场传感器制备研究［D］．成都：电子科技大学，2018．

［26］吴浩，杨剑，黎华.GPS 原理及工程安全监测应用［M］．武汉：武汉理工大学
出版社，2014．

［27］沃克尔·肯普．惯性 MEMS 器件原理与实践［M］．张新国，等译．北京：国
防工业出版社，2016．

［28］廖建尚．面向物联网的传感器应用开发技术［M］．北京：电子工业出版
社，2019．

［29］张江健．智能化浪潮：正在爆发的第四次工业革命［M］．北京：化学工业出
版社，2017．

［30］陈雯柏．人工神经网络原理与实践［M］．陕西：西安电子科技大学出版
社，2016．

［31］周飞燕，金林鹏，董军．卷积神经网络研究综述［J］．计算机学报，2017，40
（6）．

［32］伯特霍尔德·霍恩．机器视觉［M］．王亮，蒋欣兰，译.北京：中国青年出
版社，2014．

［33］高扬．基于智能优化算法的无人机任务规划［D］．南京：南京邮电大
学，2019．

［34］陈文静．基于智能控制的 PID 控制方式的研究［J］．电子测试，2020（5）．

［35］王丹．基于视觉的无人机检测与跟踪系统研究［D］．哈尔滨：哈尔滨工业大
学，2016．

［36］林妙真．基于深度学习的人脸识别研究［D］．大连：大连理工大学，2013．

［37］王斌．基于深度学习的行人检测［D］．北京：北京交通大学，2015．

［38］叶浪．基于卷积神经网络的人脸识别研究［D］．南京：东南大学，2015．

［39］彭湛博．无人机实时高清图传系统的设计与实现［D］．西安：西安电子科技大
学，2018．

［40］牛轶峰，肖湘江，柯冠岩．无人机集群作战概念及关键技术分析［J］．国防科
技，2013，34（5）．

［41］谢志明．无人机电机与电调技术［M］．西安：西北工业大学出版社，2020．

［42］陈秉乾.电磁学［M］．北京：北京大学出版社，2014．

［43］WIDNALL，SINHA P K. Optimizing the gains of the baro–intertial vertical channel
［J］．Guidance and control，1980，3（2）．

［44］ ZHENG Z M, LIU J Y, QIAN W X. Altitude data processing and fusion technique in satellite navigation and baro-altimeter ［J］. Journal of applied sciences, 2010, 28（3）.

［45］ TAOEST. ST 集成传感器方案实现电子罗盘功能 ［EB/OL］. http：// www. dzsc. com/data/2010-11-29/ 87454. html, 2010.

［46］ ANONYM. What is the piezoelectric effect：working and its applications ［EB/OL］. https：//www. elprocus. com/what-is-the-piezoelectric-effect-working-and-its-applications, 2019.

［47］ ST. J. DIXON-WARREN. Motion sensing in the iphone 4：mems gyroscope ［EB/OL］. https：//www. memsjournal. com/2011/01/motion-sensing-in-the-iphone-4-mems- gyroscope. html, 2011.

［48］ UBLOX. u-blox 8/u-blox M8 receiver description：including protocol specification v15 –20. 30, 22 –23. 01 ［EB/OL］. http：//www. u-blox. com/en/docs/UBX-13003221, 2020.